农民实用知识读本

如何进行果品加工

史根生　主编

中国财政经济出版社

图书在版编目（CIP）数据

如何进行果品加工/史根生主编．—北京：中国财政经济出版社，2009.8

（农民实用知识读本）

ISBN 978－7－5095－1723－9

Ⅰ．如…　Ⅱ．史…　Ⅲ．水果加工－基本知识　Ⅳ．TS255.36

中国版本图书馆 CIP 数据核字（2009）第 123353 号

责任编辑：杨钧珺　孙　琛　　责任校对：张全录

封面设计：陈　瑶　　版式设计：兰　波

中国财政经济出版社出版

URL：http：//www.cfeph.cn

E－mail：cfeph@cfeph.cn

社址：北京市海淀区阜成路甲 28 号　邮政编码：100142

发行处电话：88190406　财经书店电话：64033436

北京财经印刷厂印刷　各地新华书店经销

850×1168毫米　32 开　4.75印张　109 000 字

2010年 11 月第 1版　2010 年 11月北京第 1次印刷

印数：1—2 000　定价：15.00 元

ISBN 978－7－5095－1723－9/TS·0015

（图书出现印装问题，本社负责调换）

本社质量投诉电话：010－88190744

如何进行果品加工

总 策 划　　胡东华

主　　编　　史根生

编写人员　　郭　苗　史根生　胡在斌

　　　　　　李有红　高　睿

目　录

第一章
绪　论

第一节　果品加工的意义

我国果品资源丰富，尤其近年来，水果生产发展迅速，已成为仅次于粮食作物的第二大产业。自从加入 WTO 以来，我国果品全面参与到国际市场的竞争中。作为一种劳动密集型产业，果品产业具备着明显的国际竞争优势，也必将以较高的增长速度得到进一步的发展。因此，果品加工作为一个新兴产业，在中国农业经济发展中的地位日趋重要，已成为广大农村和农民最主要的经济来源。

积极发展果品加工业，不仅能够改善果品因滞销烂掉的严重损失，提高果品的附加值，还能够促进相关产业的迅速发展，增加农村剩余劳动力的就业机会，促进地方经济及农业产业的快速发展。这将对提高中国农业和农场品的国际竞争力，对调整农业产业结构，提高农产品附加值，实现农业增效、农民增收，促进农村经济及社会的可持续发展，缓解“三农”问题，均具有十分重要的意义。

第二节 果品加工的现状及发展趋势

我国果品加工历史悠久。史前时期就已有干制果品和果酒的出现。中国商代曾将干制梅果作酸性调味品用。随着制糖工业的发展，果品的糖制加工也得到了发展。水果罐头兴起于1900年，速冻加工出现较晚。20世纪下半叶，世界果品加工业发展迅速。我国的果品加工制品如山东的红枣，浙江的南枣，广东的荔枝干和龙眼干，新疆的葡萄干和杏脯，烟台和北京的葡萄酒等等都是名优特产。

但同发达国家相比，我国果品加工技术比较落后。主要原因有：

1. 缺乏适宜的加工品种。我国生产的适宜于加工的果品仅占总产量的10%，而发达国家则占20%~60%。

2. 加工能力低。果品加工企业规模小。

3. 加工工艺落后。一些传统的果品加工工艺繁琐、设备陈旧。无法实现自动化及连续化的现代工业生产。

4. 产品质量差。不少加工制品产品质量差，达不到卫生标准，严重影响消费和出口。

5. 造成环境污染。生产过程中缺少对果品残余物的合理处理，不但造成资源浪费，还形成环境污染。

针对上面存在的现状，我国果品加工业将呈现以下发展趋势：扩大适合加工的果品面积；提高加工能力；改进传统工艺；引进高新技术；制定与国际接轨的质量标准和安全卫生标准。

第二章
果品的成分及加工特性

果品中富含人体所必需的各种营养成分，在果品加工及其制品的贮存过程中，这些化学成分常常会发生化学变化而影响加工制品的食用品质和营养价值。果品加工的过程实质就是控制果品化学成分的变化。因此，在介绍果品加工之前我们首先来了解一下果品的化学成分及其加工特性。

第一节　果品中的水分

新鲜的果品中，水占绝大部分。它是维持果品正常生理活性和新鲜品质的必要条件。果品含水量因其种类品种的不同而不同。一般果品的含水量在80%～90%之间。西瓜、草莓含水量达90%以上，葡萄含水量在77%～85%。水分在果品中以游离水、结合水和化合水三种状态存在。游离水含量最高，占总含水量的75%左右，以溶液的形式存在，具有稀溶液的一般性质，在细胞中能自由流动，易蒸发损失，也易结冰；结合水与蛋白质、多糖类、胶体等物质结合在一起，这类水分不能溶解溶质，不能自由移动，不能为微生物所利用，唯有靠蒸发才能排除一部分。化合水与果品组织中的化学物质结合在一起，性质很稳定，在加工过程中一般不与其他物质发生作用，不仅不蒸发，也难以人工排除。

果品中因含有丰富的水分而倍显脆嫩、新鲜，同时也因水分中溶有一些干物质而具有特殊的营养与口味，但同时水分极易蒸发损失，表现为萎蔫、皱缩、松软，直接造成商品品质下降。因此，在果品加工过程中，一定要保持果品的新鲜状态，保持其优良品质。

第二节　果品中的碳水化合物

碳水化合物是果品中最主要的干物质成分。在果品加工过程中碳水化合物会发生各种变化，从而影响到加工制品的品质。果品中碳水化合物的种类很多，与加工关系密切的主要有可溶性糖类、淀粉、纤维素和果胶等。

一、糖

（一）果品中的主要糖类

糖是果品味道的重要组成成分之一，大多数果品中含有的可溶性糖主要是葡萄糖、果糖和蔗糖，此外还含有少量的甘露糖、半乳糖、木糖、阿拉伯糖、山梨醇、甘露醇和木糖醇等。果品的含糖量不仅在不同品种之间有较大差别，就是同一品种的果品随成熟度、地理条件、栽培管理技术的不同，含糖量也有很大的差异。

（二）糖的加工特性

糖是影响果品制品风味和品质的重要因素，是果品组织含有的主要营养物质。同时糖也是微生物生长繁殖所需要的主要营养物质，加上果品本身含水量高的特点，在加工过程中极易引起微生物的危害，故应注意糖的变化，如糖渍初期、甜型果酒的发酵变质等。

1. 糖的甜味

果品的甜味不仅与糖的含量有关，还与所含糖的种类相关，各种不同的糖，其相对甜味差异很大。由于不同的果品所含糖的种类及各种糖之间的比例各不相同，其甜味与味感也不尽相同。

果品甜味的强弱除了与各种糖的种类与含量有关外，在很大程度上还受果品中糖酸比的影响。当果品中的糖和酸的含量相等的时候，只感觉到酸味而很少感到甜味，只有在含糖量高出含酸量较多时，才会感到甜味，且糖酸比愈大，甜味就越浓，反之酸味增强。果品及其制品中所含的糖酸比不但决定了果品的甜味，而且也是其风味的主要指标。

2. 糖的吸湿

糖的吸湿性与糖的种类及空气的相对湿度有很大的关系。其中果糖的吸湿性最强，蔗糖最小。空气的相对湿度越大，糖的吸湿量也越大。糖的这种吸湿特性会使果品干制品在贮藏中容易吸收空气中的水分，而影响其保藏性。

3. 糖的变色

果品组织中的还原糖与氨基酸或蛋白质共存时，会发生反应而生成黑色素，使果品加工制品发生褐变，影响产品质量，即糖的变色。这种褐变多发生与同热加工有关的加工过程中。此外，在高温和低 pH 值条件下，糖自身也会发生一定的反应导致果品制品的变色。

4. 糖的抑菌

糖液的高渗透压作用能抑制微生物的生长与繁殖。糖的渗透压与糖液浓度有关，而在常温条件下，糖的溶解度又和糖的种类和溶解温度有关，故不同的糖液和糖的浓度，其抑菌效果也是不同的。如50%蔗糖溶液能抑制酵母菌的生长，但如果要抑制霉菌和细菌就需要蔗糖的浓度达到65%～80%。另外，有些酵母菌和霉菌还能耐更高浓度的糖液。

二、淀粉

淀粉属多糖类。果品在未成熟时含有较多的淀粉，但随着果品的成熟，淀粉逐渐水解成糖，其含量减少。香蕉中的淀粉几乎能全部转化为糖分，故在非洲及部分亚洲国家和地区，香蕉常被作为主食，是人们获取膳食能量的主要途径。

淀粉在贮藏过程中常转化为糖类，以供应采后生理活动能量的需要，随着淀粉水解速度的加快，果品的耐贮性也减弱。

（一）果品中的淀粉含量

淀粉是由葡萄糖转化而来的多糖。未成熟的果实中含量较高，如未熟的绿香蕉中含量可达20%～25%，但在成熟果实中仅以香蕉、苹果的含量较高，其余含量均较低。虽然一般果品中淀粉含量较少，但淀粉在果品组织中的变化也会直接影响制品的质量。

（二）淀粉的加工特性

果品中淀粉的含量越高，其耐贮性就越强。

1. 淀粉的高温膨胀

当温度升至55℃～60℃时，淀粉受热膨胀而变成带黏性的半透明凝胶或胶体溶液。这一特性容易使淀粉含量较多的果品在罐头加工过程中出现汤汁浑浊或产品开裂等现象。

2. 淀粉的分解

淀粉与稀酸共热或在淀粉酶的作用下，会被不断地水解为单糖和低聚糖。这使得成熟的香蕉、苹果在后熟期间，淀粉含量不断下降，而含糖量增高；同样在干果酿酒过程中，需添加一定的淀粉酶，促使淀粉的分解转化，利于酒的发酵。

三、纤维素及半纤维素

纤维素及半纤维素是构成果品细胞壁和输导组织的主要成分，纤维素和表皮的角质层，对果品起着保护作用。纤维素是反映果品质地的物质之一，它们的含量与存在状态直接影响到果品及其加工产品的品质。一般幼嫩果品含量低，成熟果品含量高。幼嫩果品中的纤维素多为水合纤维素，软而薄，食用时感觉柔韧、脆嫩、容易咀嚼。但当老熟之后，纤维素会与半纤维素、木质素、角质、栓质等形成复合纤维素，使果品组织变得粗糙而坚硬，使用价值显著下降。复合纤维素具有耐酸、耐氧化、不易透水等特性，其主要存在于果品表皮细胞内，可以使果品免受机械损伤，以及抑制微生物侵染，从而增强果品的耐贮性。

纤维素是多糖类物质，果品中的含量在 0.5% ~2% 之间，主要存在与细胞壁中，具有保持细胞形状、维持组织形状以及支持功能。它在果品组织内一旦形成，就很少再参与代谢。半纤维素是有多种五碳糖和六碳糖组成的大分子物质存在于果品组织中与纤维素共存，不太稳定，容易被水解为单糖。

纤维素和半纤维素是影响果品质地与食用品质的重要物质，同时也是维持人体健康不可或缺的辅助功能性成分。就果品加工制品的品质而言，以纤维素、半纤维素含量越少越好，这样制品的口感细腻，但纤维素及半纤维素能够改变人体肠内菌群的构成和代谢，刺激肠道粘膜，这对于预防消化道疾病和便秘等有着重要的作用。同时具有瘦身减肥、改善营养结构、消除色斑等的作用。

四、果胶物质

果胶物质属高分子多糖类物质，它是构成果品细胞壁的重要成分，主要存在于果品的细胞壁与中胶层中。果胶物质在果品中的存在状态、数量与果品组织细胞见的结合力有着密切的关系。不同的果品以及它们的皮、渣等下脚料中均含有较多的果胶物质。一般果品的果胶含量为0.2%~6.4%，其中山楂的含量最高，可达6.4%，同时山楂中富含具有很强凝胶能力的甲氧基，故生产上常采用山楂来制作山楂糕。

（一）果品中果胶物质的存在状态

在果品成熟过程中，果胶通常以原果胶、果胶和果胶酸三种形式存在。各种形态的果胶物质具有不同的特性，同时在不同的生长阶段，果胶物质的形态会发生变化，所以，果胶物质的存在直接影响果品及其制品的品质和加工工艺。

原果胶存在与未成熟的果品中，不溶于水，它与纤维素缩合成为细胞壁的主要成分，并通过纤维素把细胞与细胞壁紧密地结合在一起，赋予未成熟果品较大的坚硬质地。随着果品的成熟度的增加，原果胶在原果胶酶的作用下，逐渐分解为可溶性果胶，并与纤维素分离，引起细胞间结合力下降，硬度减小。

可溶性果胶存在于细胞汁液中，由于其具有一定的黏合性，使成熟果品的组织能保持较好的弹性。随着果品进一步成熟，开始进入过熟阶段时，则果胶在果胶酶的作用下分解为果胶酸与甲醛。

果胶酸无黏结性，使相邻细胞间不再具有黏结性，果品组织的质地呈软烂状态，失去弹性，同时原料也会失去食用和加工价值。

果胶物质形态的变化是导致果品硬度下降的主要原因。在实际生产中，果品硬度是影响其品质性能的重要因素。了解果胶物质形态的变化规律，有助通过硬度来判断和掌握果品采收成熟度，以适应果品加工的品质要求。此外，果胶物质具有帮助消化、降低胆固醇等作用，为健康食品原料。

（二）果胶物质的加工特性

1. 果胶的水解作用

利用果胶可水解和果胶溶于水而不溶于酒精等性质，可以从富含果胶的果品中提取果胶。

2. 果胶的凝胶作用

果胶溶液具有较高的黏度，在浑浊果汁中起着稳定作用，在果酱、果冻类制品中有着很好的增稠凝胶作用，如利用山楂果胶含量高，凝胶能力强的特性来做山楂糕等。

3. 果胶酶的保脆作用

果胶酸不溶于水，但能与钙、镁等离子生成不溶性盐类，常作为果脯蜜饯、罐头的硬化保脆剂，有利于改善果品加工制品的脆度。

第三节　果品中的有机酸

果品中的酸味是由于汁液中存在着游离的氢离子，这种酸被称为果酸。果品的可食组织中最丰富的酸是柠檬酸、苹果酸和酒石酸。另外还有其他酸，如水杨酸、草酸、琥珀酸和乳酸等。其中柠檬酸、苹果酸、酒石酸的含量较高，故又统称为果酸。

（一）果品中的有机酸

果品中的含酸量及相对比例因果品的种类及品种的不同而异，一般为0.3%～0.5%，低的仅为0.1%左右。同一果实一般接近果皮的果肉含酸量和尚未成熟的果肉中含酸量较高。果实成熟后，一般总酸含量会下降。果实中不同部位含酸比例也不相同。果品中含酸量的多少，不仅直接影响产品的口味，而且影响着果品加工过程中工艺条件的控制。

（二）有机酸的加工特性

1. 对风味的影响

有机酸也是果蔬贮藏期间的呼吸基质之一，贮藏过程中有机酸随着呼吸作用的消耗逐渐减少，使酸味变淡，甚至消失。其消耗的速率与贮藏条件有关。

2. 对杀菌条件的影响

果品中的有机酸对微生物的生长繁殖非常不利，可以降低微生物的热致死温度。因此在果品加工中，通过提高环境的酸度来减弱微生物的耐热性，来最大限度地保持果品的原有品质。果品的 pH 值是确定果品罐头杀菌条件的主要依据之一。

3. 对色泽的影响

有机酸含量的多少与色素等物质的稳定性有着密切的关系。如叶绿素在酸性条件下变成黄褐色的脱镁叶绿素。另外，在酸性条件下可以降低酶的活性和减少溶液中氧的溶解量，对酶褐变和非酶褐变均有很大影响。

4. 对容器、设备的腐蚀

有机酸能与容器、设备中的金属发生化学反应，使其腐蚀，从而影响果品制品的色泽和风味。因此在加工中，与果品原料接触的容器、设备均应采用不锈钢制作。

第四节　果品中的单宁

单宁又称单宁酸，是一种多酚类化合物，易溶于水，有涩味。单宁与果品的涩味和色泽有着十分密切的关系。在果品原料中的单宁是指具有涩味，且能够产生褐变或与金属离子反应产生变色的物质。

一、果品中的单宁含量

大多数果品中都含有单宁，一般单宁的含量达到 0.25% 左右时就会感到明显的涩味。随果品种类的不同，单宁的含量也有很大差异。同一品种的果品未成熟时单宁含量比不成熟时要高。某些水果在贮藏过程中经过后熟，苦涩味有所减少。单宁物质的存在与果品的抗病性有关。

二、单宁的加工特性

（一）对风味的影响

当单宁与糖酸以一定比例共存时，能使果品产生清爽的口感，但单宁含量过多时会导致舌头味觉神经的麻痹，使人感到强烈的涩味。

随着果品的成熟，单宁的含量降低。当采取人为措施使单宁转变为不溶性单宁时，果品涩味减弱，甚至完全消失。故在实际生产中人们往往通过温水浸泡、乙醇或高浓度的二氧化碳处理，使果品达到脱色的目的。

（二）单宁的变色

在果品加工过程中单宁引起的变色是常见的变色现象之一。如在苹果、梨、香蕉等水果中，就会经常发生由单宁引起的褐变现象。目前在实际生产中主要采用破坏或抑制氧化酶的活性来控制单宁的变色。

第五节　果品中的色素

各种果品呈现不同的色泽，其颜色是由多种色素相互作用而形成的，同时色素也随着果品的成熟程度而发生变化。所以，色素不仅是鉴定果品品质的重要指标，决定采收时间的依据，也是关系到贮藏质量的重要依据。

果品的色素主要有叶绿素、类胡萝卜素和花青素。其中叶绿素与类胡萝卜素为非水溶性色素，花青素为水溶性色素。

叶绿素分为叶绿素 a 和叶绿素 b，叶绿素 a 成蓝绿色，叶绿素 b 呈黄绿色。在正常生长发育的果品中，叶绿素的合成作用往往大于其分解作用，而在果品进入成熟期及采收后，叶绿素的合成作用停止，原有的叶绿素逐渐分解而使绿色褪去，呈现出各种果品所特有的颜色。在果品的加工过程中，叶绿素会受酸、碱、热、酶和光的辐射等因素的影响。

类胡萝卜素的颜色为浅黄至深红色，广泛存在与果品中。类胡萝卜素对热、酸、碱等都具有很好的稳定性。但类胡萝卜素在有氧的条件下，极易被脂肪氧化酶和过氧化酶等氧化，同时紫外线还会促进其氧化分解，使果品褪色。因此，在生产加工中应尽量采取隔氧和避光措施，以保证类胡萝卜素的呈色。

花青素是一种水溶性色素，它使果品呈现红、紫红、蓝紫等颜色，主要存在于果皮、果肉细胞中。花青素在葡萄、樱桃、草莓、李子、苹果等果实中的果皮和果肉中的含量较多。充足的光照有利于花青素的形成，此外花青素的形成还受植物体内营养状况的影响，营养状况越好，着色越好，其风味品质就越佳。所以花青素常常是判断果品品质和营养状况的重要指标之一。花青素为水溶性色素，所以在果品加工过程会大量流失，应注意操作方法，避免揉捻等。花青素很不稳定，对氧、热、光及金属离子等都很敏感，容易发生变色，故在加工过程中应控制加热温度、注意 pH 值的变化、防止日光照射、避免与铁、铜、锡等金属容器和设备接触，以减少花青素的变色，保持其原有的外观色泽。

第六节　果品中的维生素

维生素是维持人体正常生命活动不可缺少的营养物质。果品中含有多种多样的维生素。所以保存和强化维生素是果品加工过程中最重要的技术问题，维生素在果品中的含量受果品种类、品种、成熟度、部位、栽培措施及气候条件的影响而变化。在加工过程中主要受热稳定性和光敏性的影响。

与人体密切相关的维生素是维生素 A 和维生素 C。维生素 A 并不存在于天然果品中，它是由胡萝卜素在人体内转化而来。新鲜果品中含有大量的胡萝卜素。

维生素 A 比较稳定，不溶于水，但由于其分子的高度不饱和性，在果品加工过程中极易被空气氧化。所以在果品加工过程中，采取冷藏、避免日光照射和添加抗氧化剂等可减少损失。

维生素 C 广泛存在于果品组织及果皮中。不同果品中维生素 C 的含量相差较大。其中，以枣、猕猴桃等含量较高。并且维生素 C 在果实的果皮中的含量远远高于果肉，故在加工过程中，应重视对果品果皮的开发利用。维生素 C 为水溶性物质，在人体内无积累作用，所以人们每天需要从膳食中摄取大量的维生素 C，而果品又是维生素 C 最直接的来源。在果品制品中维生素 C 非常稳定，但是维生素 C 水溶液在有氧的条件下极易被氧化分解。并且分解速度受温度、pH 值和紫外线等的影响。因此，在果品加工中应注意避免长时间暴露于空气中，同时低温和低氧可以有效防止维生素 C 的流失。另外，加工过程中的原料切分、烫漂、蒸煮等常是造成维生素 C 损失的重要原因，也应该采取适当的措施加以防止。

第七节 果品中的芳香物质

果品特有的芳香是由于其组织中含有多种芳香物质，这类物质大多是油状挥发性物质。由于它们含量较少，也被称之为精油。果品种类的不同，其所含的芳香物质的种类也是有差别的，即使在同一果品中，因存在的位置不同，所含的芳香物质也不同。如柑橘类果实的果皮中含较多的芳香物质，而仁果类则多存在于果肉和果皮中。

虽然果品中的芳香物质含量甚微，但其成分却非常复杂。据分析，苹果中的芳香成分有100多种。同时果品中的芳香物质还随着果实的成熟而增加，这也使得某些水果越放得久越香。同时，芳香物质不仅能赋予果品及其制品香气，而且还能刺激人们的食欲。

芳香物质的加工特性：

一、提取精油

由于许多果品中含有芳香物质，故可利用各种工艺加工方法提取与分离，作为香精使用，添加到其他香气不足的制品中使用。

二、抑菌作用

大多数芳香物质都具有一定的抑菌杀菌作用，可作为天然防腐剂应用于食品保藏。

第八节 果品中的酶

酶是一类本质为蛋白质的生物催化剂，它是有机体内生命活动不可或缺的因素。果品在整个生长与成熟以及贮藏过程中均有各种酶的活动。对果品加工影响较大的主要有氧化酶类和水解酶类。氧化酶的作用是使物质氧化，引起产品品质的劣变和营养成分的损失。

在果品加工中，一方面为了防止氧化酶引起的氧化色变，常需抑制酶的活性；另一方面也可适当地利用酶的活性，如利用淀粉酶分解淀粉制糖等。总之，控制酶的活性是果品加工的重要环节，应合理掌握。

第九节 果品中的矿物质

矿物质是构成人体结构与调节生理机能不可或缺的重要的营养物质，间接或直接地参与人体内的生化反应。矿物质极易被人体所吸收，而且被消化后分解产生的物质大多呈碱性，可以中和鱼、肉、蛋和粮食消化过程中产生的酸性物质，起调节人体酸、碱平衡的作用。

果品中含有丰富的钾、钠、铁、钙、磷和微量的铅、砷等元素，果品中的矿物质大部分以硫酸盐、磷酸盐、碳酸盐、硅酸盐、硼酸盐或与有机物结合的盐类形式存在。其性质稳定，主要损失是通过水溶性物质的浸出而流失，如热烫、漂洗等工艺，其损失的比例与矿物质的溶解度呈正相关。在果品加工中，矿物质中的一些微量元素，往往可以通过与加工设备、加工用水及包装材料的接触而得到补充。

第三章 果品原料的选择及预处理

第一节 果品的分级与清洗

一、果品的分级

采收后的原料绝大部分含有杂质，且大小、成熟度各不相同。果品原料选择与分级的主要目的是：

1. 剔除不适宜于加工的果品，包括未熟或过熟的，已腐烂或长霉的果品。还有混入果品中的沙石、虫卵和其他杂质等，从而保证制品的质量；

2. 将原料进行预先的挑选分级，便于后续各项工艺的顺利进行，如将柑橘进行分级，按不同的大小和成熟度分级后，有利于选择最适合于每一级的机械去皮、热烫、去囊衣的工艺条件，使其具有良好的产品质量，同时也降低能耗和辅助材料的用量。

挑选时，首先进行粗选，除去虫蛀、霉变和伤口大的果实，对残、次果和损伤不严重的则修整后再利用。

果品的分级方法有：按大小分级、按成熟度分级和按色泽分级等方法。在我国，按成熟度分级时常采用目视估测的方法。在果品加工中，桃、梨、苹果、杏、樱桃等常先按成熟度进行分级，分成低、中、高三级，以便合理地制定后续工序。速冻酸樱桃时常采用灯光法进行色泽和成熟度分级。

按色泽分级与按成熟度分级对大部分果品来说效果是一样的。除了在预处理前进行分级外，大部分罐藏果品在装罐前也需按色泽分级。

按大小分级也是分级常用的方法，几乎所有加工的果品均需按大小分级。包括手工分级和机械分级两种：

（1）手工分级。

在生产规模较小或机械设备较差时常采用手工分级，同时也利用简单的辅助工具，如圆孔分级板、蘑菇大小分级尺等。分级板由塑料板上开不同孔径的圆孔制成，孔径的大小视果品的种类而定。通过同一圆孔的算一级，但不能把果品从孔内硬塞下去，以免擦伤果皮。另外，果实应平放着通过圆孔，不能横放或斜放，以免大小不一。除分级板外，还有根据同样原理设计而成的分级筛。适用于部分水果，分级效率高，实用性强。

（2）机械分级。

机械分级可以大大提高分级的效率，同时正确率较高，常用的机械设备有：

①滚筒式分级机。其主要部件为滚筒，实际上是一个圆柱形的筒状筛，用厚度为1.5～2.0毫米的不锈钢板冲孔后卷制而成。上面有不同孔径的漏孔，后组的孔径逐渐比前组增大。每组滚筒下都装有集料斗。当果品进入时，小于第一组孔径的果实，从第一级筒筛落入集料斗内，为一级，其余类推。为使原料能在筒内自动向出口处运动，一般滚筒装置有3°～5°的倾角。滚筒分级机适用于山楂、杨梅等。

②振动筛。常用的果品分级机械之一，多数水果都采用这种设备进行分级，用铜或不锈钢制成。操作时，主体部件沿一定方

向作往复运动，出料口设置一定的倾斜度。靠机体的摆动和倾斜角的作用，筛面上的果品以一定的速度向前移动，进行分级。小于第一层筛孔的果实，从第一层筛子落入第二层筛子，依次类推。大于筛孔的果实，从各层的出料口挑出，为一级。适用于一些圆形的果实，如苹果、梨、李子、杏、桃等。

③分离输送机。是一种皮带式分级机，分级部分由若干组长橡皮带构成，每对橡皮带之间的间隙从始端到末端逐渐加宽，成“V”形。果实送入输送带始端，两条输送带以同样的速度带动果实向末端移动，带下备有各档集料斗，个小的果实首先落下，大的后落下，依次分级。适合于大多数果品。缺点是分级不太严格。

另外，还有许多专用的分级机械，如橘瓣分级机、菠萝分级机等。

二、果品的清洗

清洗的目的在于除去果品表面附着的灰尘、泥沙、微生物以及部分残留的农药等，保证制品的质量。果品在生产过程的中常附着许多来自土壤和植物器官的微生物，某些带有伤口的果品也含有大量的微生物。清洗对于减少原料的带菌数，特别是耐热性芽孢，具有十分重要的意义，清洗对于除去果品表面的残留农药也有一定的意义。

洗涤时常采用盐酸、氢氧化钠、漂白粉、高锰酸钾等化学试剂，既可除去残留农药，也可除去虫卵等，降低耐热芽孢的数量。另外生产中也常用一些脂肪酸系的洗涤剂如单甘油酸酯、磷酸盐、糖脂肪酸酯、柠檬酸钠等。

果品的清洗方法主要有手工清洗和机械清洗两类：

（一）手工清洗

操作简单，投资少，适用于各种类型的果品，但非连续化作业，效率低。适用于一些易损伤的果品如杨梅、草莓、樱桃等。

（二）机械清洗

这种清洗方法的机械种类较多，有适合于表面较硬、不怕机械损伤的李子、黄桃等果品的滚筒式清洗机，柑橘汁的连续生产线中采用喷淋式清洗机。实际生产中应根据生产条件、果品形状、质地、表面状态、污染程度以及加工方法等选用适合的清洗设备。

第二节　果品的去皮、切分、去核

一、果品的去皮

果品外皮一般粗糙坚硬，虽然含有一定的营养成分，但口感不好，对制品的品质有一定的不良影响。如柑橘的外皮中含有精油和苦味物质；桃、梅、李子、杏、苹果等的外皮含有纤维素、果胶及角质素；荔枝、龙眼的外皮木质化。故一般先要去皮，只有在加工某些果脯、蜜饯、果汁和果酒时，由于要打浆、压榨或其他原因才不需要去皮。

去皮时，只需去掉不可食用或影响制品品质的部分，不能过度，否则会增大原料的消耗。果品去皮的方法很多，通常有手工去皮、机械去皮、碱液去皮、热力去皮及冷冻去皮，另外，还有处于研究阶段的酶法去皮、真空去皮等。

（一）手工、机械去皮

手工去皮是利用特制的刀、刨等工具削皮，应用广泛。其优点是去皮干净、损失少，并可有修整的作用，同时也可以去心、去核、切分等同时进行。在果品原料质量不太一致的条件下，其优点更加明显。但手工去皮费工、费时、生产效率低，不适用于大量生产。这种方法常用于柑橘、苹果、梨、柿、枇杷等果品的去皮。

机械去皮是采用专门的机械设备。机械去皮机主要有下述三大类。

1. 旋皮机

在特定的机械刀架下将果皮旋去，适合于苹果、梨、柿、菠萝等果品。

2. 擦皮机

利用其内表面的金刚砂、表面粗糙的转筒或滚轴，产生摩擦力而擦去表皮。这种方法常与热力去皮同时使用，如桃的去皮。

3. 专门的去皮装置

专门为某种果品的去皮而设计。如菠萝去皮机。

机械去皮比手工去皮的效率高，但一般要求在去皮前将原料进行分级。另外，用于去皮的机械，特别是与果品接触的部分应采用不锈钢制造，以免使果肉褐变。

（二）碱液去皮

碱液去皮是果品去皮中应用最广的一种方法，其原理是利用碱液的腐蚀性来使果品表面内的中胶层溶解，从而使果皮与果肉分离。绝大部分的果品如桃、李子、苹果等，果皮中含有角质、半纤维素等，较坚硬，抗碱能力强。而有些种类的果皮与果肉的薄壁组织之间主要是由果胶等物质组成的中层细胞，在碱的作用下，易溶解，从而使果品表皮脱落。碱液处理的程度也是由这层细胞的性质来决定的，溶解这层细胞，这样去皮适宜且果肉光滑，否则会腐蚀果肉，使果肉部分溶解，表面毛糙，同时也增加原料的浪费。

碱液去皮常采用氢氧化钠溶液，因为它腐蚀性强且价钱便宜。也可采用氢氧化钾或者氢氧化钠的混合液，但氢氧化钾较贵。有时也用碳酸氢钠等碱性稍弱的碱，或者采用碳酸钠（土碱与石灰的混合液），这种方法适合于果皮较薄的果品。为了提高去皮的效果，还可加入一些表面活性剂和硅酸盐，它们可使碱液分布均匀，易于作用。

所使用的碱液的浓度、处理时间和碱液温度是三个重要的参数，应根据不同的果品种类、成熟度等来决定。碱液浓度高，处理时间长以及温度高会增加皮层的松离及腐蚀程度。适当增加任何一个参数，都能加速去皮的作用。如温度蜜柑囊瓣去囊衣时，使用浓度为 0.3% 左右的碱液，在常温下需要 12 分钟左右，而在 400℃ 时只需 7～9 分钟；在 0.7% 的浓度下、温度为 450℃ 时，仅需 5 分钟。在具体生产过程中应视具体的情况灵活掌握，只要处理后经轻度摩擦或搅动能脱落果皮，且果肉表面光滑即可。

经碱液处理后的果品必须立即放入冷水中浸泡、清洗，多次换水，同时搓擦、淘洗，除去果皮渣和表面上附着的剩余碱液，直至果块表面无滑腻感，无碱味为止。应注意漂洗充分，否则可能导致果品制品，特别是罐头制品的 pH 偏高，导致杀菌不足，使产品败坏，同时口感差。为了快速降低 pH 值和便于清洗，可采用浓度为 0.1%～0.2% 的盐酸或浓度为 0.25%～0.5% 的柠檬酸水溶液浸泡果品，这样同时也可以防止果品变色。一般采用盐酸，因为盐酸离解的氢离子和氧离子对氧化酶有一定的抑制作用。同时，盐酸和原料上的余碱可发生反应生成盐类，抑制酶的活性。盐酸还有价格低廉的优点。

碱液去皮法有浸碱法和淋浸法。

1. 浸碱法

可分为冷浸与热浸，常采用热浸，将一定浓度的碱液装在特制的容器（热浸常用夹层锅）中，将果实放入其中一定时间后取出搅动，摩擦去皮，清洗即成。

常用的热浸设备为夹层锅，采用蒸汽加热，手工浸入果品、取出、去皮，大量生产时可采用连续的螺旋推进式浸碱去皮机或其他浸碱去皮机械。其主要部件均由浸碱箱和清漂箱构成。

2. 淋碱法

将热碱液直接喷淋于输送带上的果品表面，淋过碱的果品浸入转筒内，在冲水的情况下与转筒的内表面接触，翻滚摩擦去皮。杏、桃等果实去皮时常用这种方法。

碱液去皮有很多有点，首先是适用范围广，几乎所有的果品都可采用碱液去皮，且对表面不规则，大小不一的原料也能达到较好的去皮目的。其次，碱液去皮掌握合适时，损失率少，原料利用率高。第三，这种方法可节省人工及设备，但同时必须注意碱液的强腐蚀性，注意安全。设备容器等必须由不锈钢制成或采用搪瓷、陶瓷，不能使用铁或铝制容器。

（三）热力去皮

果品先采用短时间的高温处理，使之表皮迅速升温，果皮膨胀破裂，与内部果肉组织分离，然后迅速冷却去皮。这种方法使用于成熟度高的桃、杏、枇杷等。

热力去皮的热源主要有蒸汽与热水。蒸汽去皮一般采用约1000℃的蒸汽，短时间内使外皮松软，分离。具体的热烫时间，可根据果品的种类和成熟度而定。

用热水去皮时，量较少时可采用锅内加热的方法。大量生产时，采用的设备为带有传送装置的蒸汽加热沸水槽。果品经过短时间的热水浸泡后，手工剥皮或高压冲洗。桃可在1000℃的蒸汽下处理8～10分钟，淋水后用毛刷辊或橡皮辊冲洗；枇杷经温度为95℃以上的热水烫2～5分钟左右即可去皮。

（四）酶法去皮

柑橘去皮常采用这种方法。柑橘的囊瓣，在果胶酶的作用下可使果胶水解，去掉囊衣。生产中将橘瓣放在浓度为1.5%果胶酶中，在35℃～400℃的温度下，pH值为2.0～3.5的条件下处理约3～8分钟，即可去除囊衣。酶法去皮能充分保留果品的营养、色泽及风味，是一种较好的去皮方法。但酶法去皮只适用于果皮较薄的果品，且成本高。

（五）冷冻去皮

将果品放置在冷冻装置中轻度冻结，然后解冻，即可去皮，此法适应于桃、李子、核桃内皮等的去除。如：核桃仁在－400℃的温度下迅速冷冻，然后在0℃下用强冷风吹一段时间，核桃仁皮即可脱落。

另外还有真空去皮，火焰去皮，紫外线去皮等去皮方法。

二、果品的切分、去芯（核）、修整破碎

体积较大的果品在灌藏、干制、加工果脯、蜜饯时，为了操作方便，需要适当地切分。切分的形状可根据产品的标准和性质而定。制果酒、果汁前需要破碎，使之便于压榨或打浆。核果类加工前需去核，仁果类加工前需去芯。有核的柑橘类制罐头时需去籽。枣、柑橘、梅等在加工蜜饯时需划缝，刺孔等。罐藏或果脯、蜜饯加工时为了保持良好的形状外观，需对果块进行修整。

上述工序在小量生产时一般采用手工完成，借助于专用的小型工具。如枇杷、山楂的通核器，匙形的去核芯器，金柑、梅的刺孔器等，大规模生产时常用专用的机械，如劈桃机、多功能切片机和专用切片机等。

果品的破碎常采用破碎打浆机来完成。刮板式打浆机也常用

来打浆、去籽等。制果酱时可采用绞肉机来破碎果肉。果泥加工时用磨碎机。

葡萄破碎、去梗、送浆联合机为我国葡萄酒厂的专用设备，成穗的葡萄送入进料头后，经成对的破碎辊破碎后，去梗，接着一并送入发酵池中。

第三节　果品的烫漂

烫漂就是将已经切分的或经其他预处理的新鲜原料放入沸水或热汽中进行的处理。主要目的为：

1. 果品原料经烫漂处理后可降低其内部酶的活性，排除果实内部的空气，防止果品多酚类物质及色素、维生素 C 等发生氧化褐变，具有稳定或改进果品色泽的作用。

2. 果品经烫漂后，组织细胞被杀死，增强了细胞膜的通透性，这样在果品干制及糖制过程中，糖分易渗入，不易产生裂纹和皱缩等现象。

3. 烫漂可以除去果品表面的某些杂物，虫卵微生物及残留农药等。

4. 烫漂可将空气从果品组织中排出，体积缩小，组织透明，色泽明亮。

5. 除去部分果品的辛辣味和其他不良风味，对有苦涩味、辛辣味或其他异味重的果品原料，经过烫漂处理可较少其味，提高制品的品质。如柿子通过烫漂可除去部分可溶性物质，避免涩味。

但是烫漂同时会使果品的一部分营养成分流失掉，热水烫漂时会损失相当含量的可容性固形物。常用的烫漂方法有热水烫漂和蒸汽烫漂。热水烫漂的优点是，原料受热均匀，升温速度快，操作简单，缺点是可容性固形物损失过多，烫漂用水中的可溶性固形物浓度随着烫漂的进行不断增大，并且浓度越高，果品中的可溶性物质损失就越多，故应不断进行更换烫漂用水。

果品烫漂的方法可在夹层锅内进行，现代自动化生产中常采用专门的连续化机械，主要机械有链带式连续预煮机和螺旋式连续预煮机。

果品烫漂，可根据果品的种类、大小、制品要求等条件来确定。一般情况下，特别是罐藏时，果品从外表上看烫至半生不熟，组织透明，失去新鲜果品的硬度，但又不像煮熟后的那样柔软时即可。烫漂条件也可依据果品中的最耐热的过氧化物酶的钝化作标准，特别是在干制和冷冻时更是如此。

第四节　果品的抽空处理

某些原料如苹果、梨等内部组织疏松，含空气较多，这对于加工特别是罐藏很不利，因此需首先进行抽空处理。所谓抽空是将原料置于糖水或无机盐水等介质里，在真空状态下，使内部的空气释放出来。果品的主要抽空装置由真空泵、气液分离器、抽空罐等组成。抽空的方法有干抽和湿抽两种：

一、干抽法

将处理好的果品装入容器内，置于 90kPa 以上的真空罐内，抽去空气，然后吸入一定浓度的糖水或水等抽空液，吸抽空液时，应防止真空罐内的真空度下降。

二、湿抽法

将处理过的果品，浸入抽空液中，放入抽空罐内，在一定的真空度下抽去组织内的空气，直至果品表面透明。常用的抽空液有糖水、盐水、护色液等，视种类、品种、成熟度来选用。理论上抽空液浓度越低，渗透越快；浓度越高，成品色泽越好。

第五节 工序间的护色

果品去皮和切分后，与空气接触的部分会迅速变成褐色，从而影响外观、破坏产品的风味和营养品质。这种褐变主要是酶促褐变，其关键的作用因子有酚类底物、酶和氧气。由于底物不可以除去，所以一般的护色措施均从排除氧气和抑制酶的活性两方面着手，在果品加工预处理中常用的方法主要有下述几种。

一、烫漂护色

烫漂可钝化酶的活性、防止酶褐变，稳定或改进色泽，如前面所述。

二、食盐溶液护色

将去皮或切分后的果品浸泡在一定浓度的食盐溶液中即可护色。原理是食盐对酶的活性有一定的抑制和破坏作用；另外，氧气在盐水中的溶解度比空气小，故有一定的护色效果。果品加工中常用浓度为1%～2%的食盐水护色。桃、梨、苹果等均用此法。采用此法护色后应注意漂洗净食盐，这对于果制品非常重要。

三、亚硫酸盐溶液护色

亚硫酸盐既可防止酶褐变，又可抑制非酶褐变。常用的亚硫酸盐有亚硫酸钠、亚硫酸氢钠、焦亚硫酸钠等。但应注意在罐头加工时采用低浓度的亚硫酸盐溶液，并尽量脱硫，否则易造成罐头内壁产生硫化斑。在干制时可采用较高的浓度。

四、有机酸溶液护色

有机酸溶液既可降低 pH 值、抑制酶的活性，又可降低氧气的溶解度而具有抗氧化作用，同时大部分果品本身都含有有机酸。常用的有机酸有柠檬酸、苹果酸或抗坏血酸等，其中后两者费用较高，故生产中一般都采用浓度为 0.5% ~1% 的柠檬。

第四章
果品干制技术

果品干制就是去除新鲜果品中的水分，限制果品中含有的有效水或降低水分的活性，将可溶性物质的浓度提高到微生物难以利用的程度，抑制微生物的生长，从而达到保藏目的一种果品加工方法。

自古以来，我国劳动人民就积累了丰富的果品干制经验，制造了各种各样的干制果品，如葡萄干、柿饼、龙眼干等。果品干制是保存果品的一种重要方法。由于生产设备简单，技术容易掌握，制品能够长期保存，因此是发展我国农村经济的一种有效措施。

第一节　走近吐鲁番葡萄干

新疆自古以来就被誉为“瓜果之乡”，葡萄干是新疆最负盛名的特产之一，它盛产于世界三大葡萄黄金地带之一的吐鲁番盆地。新疆光热资源最丰富，栽种葡萄的历史已达 2000 多年，形成了世界最大的葡萄基地，葡萄品种多达 500 多种，独特的地理环境和气候条件使得这里的葡萄甲天下。

新疆的吐鲁番同胞晾晒的葡萄干非常好吃。他们在挑选葡萄时很有经验：一般用来晾晒葡萄干的葡萄应该选在 10 月采摘，因为这个阶段的葡萄经过长时间的日照，其含糖量比较高，晾晒出来的葡萄干非常甜，而且如果晾晒方法得当，晾晒出来的葡萄干果肉会比一般的葡萄干多些。

通常吐鲁番同胞晾晒葡萄干时，很善于利用当地得天独厚的自然条件。他们在靠近葡萄园的向阳山坡、高地或者沙地上，用土块砌起一座座两层楼高的晾房，四面墙上都留有许多通风孔，把采摘来的葡萄一串一串地悬挂在晾房里，让四周的热风对流，避免葡萄受到阳光的直接照射。这样大约三四十天之后，就可以制成色泽纯正、颗粒饱满、肉软清甜的葡萄干了。再经过分选去梗，葡萄干便可以包装上市了。

随着人们生活水平的逐渐提高，对葡萄干的口味、花样的要求也越来越高了。心灵手巧的吐鲁番同胞把刚晾晒出来的葡萄干再进行熏烤、上色等，开发出了系列葡萄干食品，不但好吃，卖相也不错。

吐鲁番的葡萄过去以数量论英雄，粗放经营，品牌意识差，农民丰产难增收。近几年来，一些企业从食品安全和生产的各环节入手，制定了多项葡萄生产标准，目前有 4 项上升为国家标准。通过标准化生产，葡萄干的品质稳步提高，打造出了“吐鲁番葡萄干”等数个新疆驰名商标。

吐鲁番地区的葡萄干以前由于加工过程中的温度差异和其他条件的不同，常常出现色泽混杂不一，严重影响葡萄干的出口等级和价格。于是吐鲁番地市政府积极支持当地一些企业进行葡萄干深加工技术研究。例如，2007 年 9 月，吐鲁番盛达公司投入 400 万元购置了国内首台全自动化葡萄干色选机和一套集清洗，脱水，风干，杀菌，消毒，自动包装为一体的葡萄干精加工设备。色选机对异色粒的剔出率，分选标准的一致性以及卫生标准控制的各项指标均远远超过人工拣选，大大提高了劳动生产率。

吐鲁番盛达公司生产的吐鲁番葡萄干已通过了ISO9000认证，同时也通过了国际食品卫生许可证，目前，其产品已经打入了加拿大、荷兰等欧洲一些国家市场。吐鲁番葡萄干的出口将带动葡萄生产产业化和标准化的速度，并使其逐步向规范化、规模化和产业化方向转变。

第二节 干制方式和设备

一、自然干制

在自然条件下，利用太阳辐射能、热风等去除果品中水分的方法。自然干制又可分为两种，一是原料直接在太阳光下暴晒，称为晒干；另一种是原料在通风良好的室内等以热风吹干，称为晾干。

晒干的方法是选择空旷通风的地方，将原料直接平铺于地上或晒盘中暴晒，直到水分被完全蒸发晒干为止。

晾干采用的是利用干燥空气使果品脱水的方法。新疆吐鲁番的干制葡萄采用的就是这种方法。在葡萄收获的季节，将采收后的葡萄悬挂在多孔的干燥室内，借助热风作用将葡萄吹干。

自然干制的设备主要包括晒场、晒干用具及运输用具。晒场要向阳，位于交通便利的地方，同时不能靠近灰尘多的大道，还应远离饲养场、垃圾堆等，以保持清洁卫生。

自然干制节约能源，设备简单，操作简便，成本较低，是我国目前农村及乡镇企业采用的较多的方法。但是自然干制受气候条件的影响较大。如遇阴雨连绵的日子，会延长干制时间，甚至产生霉烂变质。另外，自然干制的产品质量相比于人工干制的差点，远不能适应果制品生产发展的需要。

二、人工干制

干制是指利用加热装置及保温装置，人为控制干制条件和干制过程的干制方法。人工干制常采用烘道干燥法，将果盘叠放在载车上推入烘道，借助烘道内的热空气流动而去除原料中的水分。其效率高，可以大大缩短干制时间，并获得较高品质的制品。与自然干制相比，人工干制成本高，操作复杂。

人工干制设备必须具备如下条件：具有良好的加热及保温装置，以保证干制过程所需的较高而恒定的温度；要有良好的通风设施，及时排除原料中的水分；要有良好的卫生条件，避免产品和环境污染。

使用最多的人工干制设备是对流式干燥设备，除此之外还有热辐射式干燥设备和感应式干燥设备。近年来，冷冻干燥、远红外干燥、微波干燥和膨化干燥等先进技术也相继在果品干制中得以应用。

第三节 干制的主要工艺

果品干制的主要工艺过程包括硫处理、烘干、回软、包装、贮藏等过程。

一、硫处理

硫处理是果品干制的重要工序之一。硫处理的目的是保护果品的色泽，防止果品在干制中由于长时间高温而发生褐变；另一方面，硫处理可以抑制微生物的生长和繁殖，使干制品能够得以长时间保存。

硫处理方法包括熏硫和浸硫两种。熏硫时，将原料放入密闭的熏硫室内，点燃硫磺（要求硫磺纯净，含杂质少）。熏硫室内要控制二氧化硫的浓度在1.5%～2.0%，一般每1000千克切分原料需硫磺2～4千克。浸硫法是将原料浸泡在一定浓度的亚硫酸盐溶液中，可用亚硫酸钠、偏重亚硫酸钠等。常用的浓度为0.8%～2%，具体使用时应视二氧化硫的有效浓度、浸硫时间以及原料种类、特性来确定。

采用熏硫还是浸硫应视需要干制的原料而定，并不是所有干制的果品都需要进行硫处理，一般来讲，容易褐变的果品才进行硫处理。

二、烘干

烘干是果品干制中最主要的工艺之一。干制制品的质量主要取决于烘干时的升温方式、通风排湿及烘盘倒换、烘干时间等的控制。

（一）升温

果品送入烘干设备后，应根据不同的果品特性采用不同的升温方式，比较常用的有三种。一种是在整个干制期间，烘干设备的温度控制为初期低温、中期高温、后期低温直至结束。这种升温方式适宜于可溶性物质含量高的果品，或没有切分的整个果品，如红枣等。另一种是在整个干制期间，初期急剧升高烘房温度，最高可达95℃～100℃，原料送入烘干设备后，吸收大量的热而使设备降温至烘烤温度65℃～70℃，维持一段时间后逐渐降温直至烘干结束，这种方式适应于可溶性物质含量低、水分含量较高的原料，如苹果片、梨片等。最后一种是介于上述两者之间的升温方式，即在整个烘制期间，温度始终维持在55℃～60℃的恒定水平。这种烘制技术易掌握，适应的范围广泛，但烘制的时间较长，耗能高。

（二）通风排湿

果品干制时，水分大量地蒸发，如果不及时排出，将会影响干燥的速率和质量。在使用烘房干制果品时，尤其需要通风排湿，当烘房的相对湿度达到70%以上时，就应进行通风排湿。可以采用排风机或引风机来强制使烘房中的空气流动；或者利用烘房的进气窗和排气筒进行自然通风，使湿空气排出，干空气吸入。具体采用的通风排湿的方法和时间应根据烘房内湿度高低和风力的大小来决定。

（三）倒换烘盘

设计较好的烘干设备，一般要求其上部和下部、前部和后部的温差不应超过2℃～4℃，一般靠近热源的物料温度比远离热源的物料温度要高，因此，在干制期间应及时倒换烘盘，以免原料烘干不均匀或出现烘焦现象。

一般是将靠近热源的烘盘与远离热源的烘盘互换，在倒换烘盘的同时要抖动烘盘，使原料在盘内翻滚，受热均匀，干燥程度一致。

（四）干燥时间

原料的干制时间，取决于制品所要求的干燥程度。根据烘烤的程度，可采用先烘至七八成干，再晾晒、风干产品至全干，或一次烘至全干。前者烘干的成品饱满、果肉肥厚、色泽好，但这种方法在阴雨连绵的气候条件下不宜采用，以免产品发生霉烂。一次烘干至全干时，不需晾晒，只需散热回软即可，但需掌握好烘烤技术，不能烘得太干，使产品出项干瘪现象。

三、回软

干制后的果干常需放入密闭的容器或贮藏库内贮藏一段时期，使其内部以及各个果块之间的水分扩散，重新分布，以达到水分含量均一，质地柔软的目的。

四、包装

干制品的包装应要求防虫、防湿、阻气，防潮对于需要长期保存的干制品很重要，否则制品会吸收大量的水分变得疲软、柔韧，影响其质量。通常采用的包装容器有铁罐、玻璃瓶及复合塑料和纸容器。

另外，包装可采用真空或真空充氮、充二氧化碳等，这种包装可防止干制品压碎和微生物侵入。

五、贮存

果干的贮存要求较为严格，因为果干在贮存过程中会发生吸湿、氧化、色泽和风味改变等现象，影响果干的品质。果干应贮存在温度和湿度相对较低的环境中。温度越低，果干的各种成分保存得越好，最佳贮藏温度为0℃～2℃。果干易吸潮，故适宜的保存湿度应在65%以下。另外应保存在避光、隔离空气的地方，因为光线和空气会使果干的氧化、色素分解等。

第四节　果品干制的实例精选

一、柿饼

（一）原料的选择和处理

应选果大且圆、果面无沟纹，糖分含量高的柿子。柿子采收的早晚与柿饼的质量直接相关，一般以柿子果皮由黄橙色转为红色时为宜，如采收过早，加工后的柿饼肉质坚硬、味淡、色泽暗、生霜少、品质差。采收过晚则果实变软，给干制过程带来众多不便。采摘柿子时应尽量避免果实受伤，因为受伤后的果实单宁氧化，会使果实变褐色。

（二）干制

以晒制为主。将去皮后的柿子果蒂朝下摆放在晒盘上，在太阳下晒制。如遇阴雨天，可用塑料布将晒盘遮盖住，以免受潮。晒制 4 天左右，柿子表面会形成一层干皮，这时进行第一次捏果。用食指和中指按住果顶，拇指按住果蒂，稍微用力捏，另一手旋转果实，边捏边转，果实便被捏成扁圆形，然后继续晒，这时将果实上下面调换一次，以使干燥均匀。继续晒制 5 天左右，将果实堆积在室内回软 2 天，再进行第二次捏果，要捏得均匀不留硬块，捏成中间薄、四周高的扁圆形，然后继续晒制 3 ~ 4 天，堆积 1 天，捏果一次，再晒制 3 ~ 4 天，即可上霜。

（三）上霜

柿霜是果肉内的可溶性物质随着水分的渗出而凝结成的白色结品，其主要成分是甘露醇和葡萄糖，有润肺止痰之功效。上霜的关键因素是柿饼的含水量要适宜和环境的温度要低。上霜方法因地区的不同而不同。有的是将柿果堆积起来盖上塑料薄膜，一昼夜之后即可出霜；也有的是将两个柿饼顶部相对结合在一起，一层柿饼一层柿皮均匀地排放在大缸内，盖上盖，置阴凉处生霜。出霜好的柿饼即可进行包装。出霜不好的应继续晒制，回软直至出霜良好。

二、苹果干

（一）原料的选择和预处理

应选择肉质密致、可溶性物质含量高的品种如红星、国光、红富士等，剔除腐烂的病虫果。用 0.5% ~1% 的稀盐酸溶液浸泡果实 3 ~5 分钟，以除去果实表面的残余农药，再用清水清洗干净。手工或机械去果核，然后切成5~7毫米厚的环状果片。

（二）护色

采用浸硫的方法，将2.5~3.5千克的亚硫酸钠及0.5~0.3千克的柠檬酸溶解在250千克的水中。用此酸性溶液浸泡苹果切片约15~20分钟，捞出后沥干水分。250千克的上述溶液可浸泡60千克的苹果切片，溶液可连续使用3次，后面几次可延长浸泡时间。

（三）干制

可采用自然干制或人工干制，人工干制时将果片放置在烘盘上，送入温度为70℃的烤烤架上，烘烤过程中注意通风排潮，烘烤5~10小时。当用手捏成团，松开后不相互粘着时为宜。干制后的果干堆积1~2天回潮，即可进行分级包装。

三、梨干

（一）原料的选择和预处理

1. 选料

选择肉质柔软、石细胞少，含糖量高、香气浓郁和果核小的品种，如巴梨、茌梨、茄梨等，去除残次腐烂的果实。

2. 去皮、切分

由于梨的外皮比较粗糙，可采用人工或机械方法将果梗和萼片切除。采用不锈钢水果刀将其切成块状或圆片，也可以切成两半或4~5块。

（二）操作要点

1. 护色

为防止切分后的果实氧化变色，可用浓度为1%~2%的食盐水浸泡或喷洒进行护色。

2. 熏硫

将梨片送入熏硫室中熏硫。每吨果实使用硫磺2~3千克，熏硫时间依果实切分方法和厚薄而异，一般需 8 ~ 12 小时。

3. 干制

将梨片放在竹匾中在阳光下曝晒 2 ~ 3 天，然后将竹匾叠置阴干。20 ~ 40 天即可完成干燥过程。

4. 包装

使用麻袋或竹匾包装。

（三）制品的特点

梨干肉质厚、色泽淡黄色、气味清香，口味独特。

四、荔枝干

（一）原料的选择

选择果肉肥厚，成熟度为八至九成的果实，将病、虫及烂枝除去。

（二）操作要点

1. 日晒

把各荔枝小穗（一小穗约有 4 ~ 6 个果实）摆放在竹筛上，进行日晒。

2. 翻果、剪果

日晒 4 ~ 5 天后，进行翻果，即把每小穗荔枝翻身，让未能接触阳光的部分也能够晒到太阳，接着把小穗中的小枝条及叶子剪去，继续日晒，期间应保证不能遭受雨淋。

3. 焗果

荔枝晒到 20 天左右时，果实内的水份基本蒸发完毕。为了使每个果实内水分分布均衡，这时需要把每盘荔枝叠放起来，上面用塑料布覆盖上，放置 2 ~ 3 天。

4. 日晒完毕

焗果之后再将其晒 2 ~ 3 天，进行检查，如果用小锤敲之即碎，说明日晒完成。

5. 包装、密封。

（三）制品的特点

荔枝干呈褐黄色，具有荔枝干特有的芳香风味。

五、香蕉干

（一）原料的选择和预处理

1. 选料

选择黄色果皮、有浓厚甜味和芳香味的香蕉。

2. 去皮、切分

人工去皮后，把果肉纵切分为两半，小个的香蕉可不用切分。

（二）操作要点

1. 熏硫

将香蕉片送入密闭的熏硫室内用硫磺熏蒸20～30分钟，每100千克原料使用2千克硫磺。

2. 烘烤

用热风干燥，在65℃～70℃的温度下干燥18～20小时，使其水分含量达到16%～17%为宜。

3. 回软

将烘烤过的香蕉片在室温下放置24小时左右。

4. 包装

用聚乙烯薄膜袋密封包装。

六、杏干

（一）原料的选择和预处理

1. 选料

选择果大肉厚、离核味甜、纤维少、香气浓郁、果肉呈橙黄色的品种。果实应充分成熟，去除成熟度不合适与腐烂的果实。

2. 清洗、切分

将果实装入竹篮中，用清水冲洗干净。沿果实缝合线用不锈钢刀将果实对切成两半，切面要整齐光滑，挖掉果核。切成两半后，将杏片切面向上排列在筛盘上，不可重叠。

（二）操作要点

1. 熏硫

在熏硫前用比例为 1:33 的盐水喷洒果面，以防止变色。将果片摆放在筛盘中送入熏硫室（箱），熏硫 3 ~ 4 小时，硫磺用量与鲜果量之比为 3:1000。熏硫效果较好的果片，其核中应充满汁液，这样的半成品干制后，能保持鲜艳的橙红色或金黄色。

2. 干制

自然干制时，将经过熏硫的果实摆放在竹匾或晒场上，在阳光下暴晒，晒制五至七成时，叠置阴干至含水量为 16% ~ 18%；人工干制时，将熏硫过的果片放在烘盘上，送入烘房。烘房初温为 50℃ ~55℃，终温 70℃ ~80℃，经 10 ~ 12 小时后，可干制到所要求的含水量。

3. 回软

将干燥后的果片放在木箱中回软 3 ~ 4 天，使内外水分达到平衡。

4. 包装

根据成品的质量进行分级包装。

七、枣干

（一）工艺流程

选料──→分级──→热烫──→干制──→回软──→分级──→包装。

（二）原料的选择

制作红枣的果实要求成熟度高，着色好，果面全面变红，糖分含量高，肉质肥厚饱满，皮薄，核小。剔除病、虫、烂、伤果及杂物。

（三）操作要点

1. 热烫

将枣果装入竹篮或铁篮中，放入沸水中烫漂5分钟左右，直至果皮稍软即可。热烫后应立即在冷水中进行冷却。

2. 干制

自然干制时，一般将枣堆放成3～5厘米左右的厚度进行暴晒。早晨摊开，日落收集成堆，用草席覆盖，中午前后翻动几次。晒至枣皮皱缩呈深红色，或者枣的重量减至原来的一半以上时，将其堆积回软；人工干制时，将枣摆放在烘盘上，一般每平方米烘盘装12～15千克的枣，装枣厚度以不超过两层枣为宜，果实小的品种如金丝小枣可适当装厚些。送入烘房后，在6～8小时内使温度上升到55℃～60℃，烘烤8～10小时；继续升温至68℃～70℃，但不得超过75℃，再烘烤6小时后，使温度逐渐降低到50℃。全部烘烤时间大约持续24个小时。在烘烤时，尽量使各个位置的果实受热均匀。烘烤至七八成干后，再用1周左右的时间进行晾晒或风干。

3. 回软

将干制后的红枣，堆放15～20天进行回软。在枣堆中每隔1米左右的距离，用秸秆捆成碗口粗的把竖立在中间，用以散热透气。

4. 分级

回软后，一般需要根据果实个头大小、色泽和破损程度等进行分级。

5. 包装

红枣大多采用麻袋包装，如采用塑料袋防潮包装则效果更好。

八、李子干

（一）原料的选择和预处理

选择成熟的新鲜果实，剔除病虫果和腐烂果。用水清洗干净、沥干。

（二）操作要点

1. 制灶

采用竹子制成烘灶，用黄泥封固，灶高约 30 厘米，用砖砌成，炉门延伸至灶外约 40 厘米。在烘灶上端离口约 12 厘米处，用淡竹制成平排的烘架，下面用两根竹加以固定。每一烘灶应备烘笼 5 ~7 只左右，其大小与烘架相当。为便于烘焙，每只笼底应留有直径为 2 厘米左右的筛孔。

2. 烘焙

李子摆放在烘架上，用松柴作燃料，在炉灶口烧，使火和烟自然吸入烘灶内。开始用猛火烧，约 2 小时后用文火，12 小时后，让其自然降温。

3. 再烘焙

在第二次烘焙前，首先把经过初烘的果实依果形大小、含水量高低，挑选分开。把水分含量高的“大个”果放在烘笼下层，水分含量低的“二号”果放在烘笼上层，最上面用麻袋覆盖上。同时，将另一批待烘的梅果摆放在烘架上。这样循环进行两次，完成第三次烘焙。待烘至八九成干时，用手摇晃核仁发出轻微响声时，即可。

4. 包装

选用篾篓装，内衬箬叶，每篓净重 50 千克，密封，防止返潮，或者采用双线麻袋内套塑料薄膜食品袋，封口。

（三）制品特点

李子干色泽乌黑，风味独特。

九、猕猴桃干

（一）原料的选择和预处理

挑选新鲜的、无病虫、无破损的猕猴桃。用清水将其冲洗干净。

（二）操作要点

1. 碱浸

在温度为105℃左右（微沸）、浓度为20%的氢氧化钠溶液中浸泡1~2分钟。

2. 中和

用浓度为1%的盐酸中和30秒左右（常温下）。

3. 漂洗

用流动清水，漂洗10分钟后沥干。

4. 切片

首先切去两端片，然后将其横切成4~6毫米厚的薄片。

5. 熏硫

每1000千克的原料，用硫磺4千克，熏硫4~5小时。

6. 烘干

温度控制在65℃~75℃，20~24小时后，即好。

十、樱桃干

（一）原料的选择和预处理

选择皮色光亮、柄短核小、果个均匀、味甜、汁少的品种，去除霉烂、不成熟果，然后摘除果柄，装入篮子，在水槽或盆内用清水清洗2~3次，去除泥沙杂质。

（二）操作要点

1. 浸碱漂洗

为了缩短干燥时间，首先将樱桃放入浓度为0.2%～0.3%沸碱液中热烫片刻，再用清水充分漂洗去除剩余碱液，然后放入篮子静置5～10分钟，沥干。

2. 熏硫

将果实装入烘盘中送进熏硫室内。在钵中放入适量的硫磺，加入木片等助燃，点燃后关闭熏硫室的门，熏约1小时。一般每吨果用硫磺粉2～3千克。

3. 烘干回软

将熏硫后的樱桃均匀地摆放在烘盘上，送入烘房干燥。开始时温度控制在60℃，等稍干时，将温度升至75℃～80℃，经8～12小时后取出，拣出未烘干的果实，放在另一烘盘上再次干燥。若天气晴好，也可放置在阳光下暴晒至干。为使果实内外水分均衡，质地柔软，应将樱桃干倒入木箱中，回软2～3天。

4. 分级包装

按质量要求分为两级，一级樱桃干呈暗红色，二级则为带淡红色的暗红色。然后按级别分别用食品袋包装。

十一、桃干

（一）原料的选择和预处理

选择果个大、含糖量较多、肉质紧厚、果汁较少、外形整齐、8～9成熟、无腐烂、无桃胶的果实。用流动的清水洗净果实表面的泥沙和桃毛。用不锈钢水果刀沿果实的缝合线将其切开，双手拿果朝相反方向掰开，再用挖刀除去桃核。

（二）操作要点

1. 热烫

在沸水中漂烫5～10分钟，捞出，沥干水分。

2. 熏硫

将桃的切面向上均匀排列在晒盘内，送入熏硫室，熏硫4～6小时。每吨鲜果需硫磺3千克。

3. 干制

将经熏硫的果实整齐摆放在竹匾上，放烈日下暴晒，经常翻动，当晒至6～7成干时，放阴凉处回软2～3天，再重新进行日晒，一直晒到完全干燥时为止。也可以进行人工干制，即将桃果放入在浓度为1%～2.5%的氢氧化钠热溶液中烫30～60秒，去皮，冲洗，蒸烫5分钟，熏硫1小时，然后送入烘房，将温度控制在55℃～65℃之间，干燥14小时即可。

4. 回软

去掉不合格的桃片，在密闭贮藏室内放置3周左右，使各部分水分均匀，质地呈适宜柔软状态。

5. 包装

用麻袋、竹篓或席包包装。

（三）制品的特点

桃干色泽鲜艳，有桃果清香，个形大，肉质厚，不酥不霉。

十二、芒果干

（一）原料的选择和预处理

选择色泽好、肉质肥厚、成熟新鲜的芒果，如吕宋芒或紫花芒。用清水洗净，去皮，切片。因为芒果的皮核部分约占50%，能利用的肉质部分只占50%，所以如何提高得率，降低成本是很重要的问题。

（二）操作要点

1. 硬化处理

成熟的芒果，果皮变软，要加工成片状需要经硬化处理，否则不容易成型。可使用的硬化剂有多种，其中氯化钙效果最好。另外为了提高得率和增加风味，可加入少许蔗糖或者淀粉糖浆，用浓度为60%～70%的蔗糖或淀粉糖浆，其中再加入少量的氯化钙硬化剂，把芒果片放于糖浆中浸渍1～2天，就起到了硬化和吸糖的作用。如果有真空透糖设备效果会更好。

2. 干燥

把芒果片从糖液中取出，在60℃～70℃的温度下烘干，使其含水量下降至16%。

第五章 果品制汁技术

果汁是由果品经过物理方法如破碎、压榨、离心、萃取等取得的汁液，一般是指纯果汁或100%的果汁。果汁在营养上是一种最接近鲜果的制品，并且还具有一定的医疗价值，是一种理想的饮料。我国果品资源丰富，果汁生产不断发展。近年来，果汁饮料市场呈高速发展趋势。

第一节　走近汇源

从1997年至今，汇源的名字正一步步地渗入到人们的生活中，它给人们这样的一种生活理念："喝汇源果汁，走健康之路"。

汇源集团的老总朱新礼，1992年还是沂蒙县外经贸副主任，了解到国外浓缩果汁市场巨大，毅然辞掉了令人羡慕的"铁饭碗"，接手了一家濒临停产的水果罐头厂，开始了他的创业之路。当看到一边是卖不掉水果的农民们苦笑不得的表情，一边是满山遍野的水果时，颇有经济头脑的他决定要做浓缩果汁，将罐头厂转产生产浓缩果汁。但此时的他还没有见过果汁，更不用说喝过果汁，可就是这个决定，不但改变了朱新礼的命运，同时引起了我国饮料行业的变革，也让我国许多老少边穷的农民不再为卖不出去水果而发愁，解决了果农们的销售问题。

汇源集团是主营果蔬汁及果蔬汁饮料的大型现代化企业集团。自成立以来，汇源集团先后在全国各地创建了30多家现代化工厂，链结了400多万亩名特优水果、无公害水果、A级绿色水果生产基地和标准化示范果园等；建立了遍布全国的营销服务网络，构建了一个庞大的水果产业化经营体系，规模体系庞大。目前，汇源已打造成为中国果汁行业的第一品牌。集团累计研发和生产了500多种饮料食品，带动了整个中国果汁行业的发展，引领了果汁健康消费的新时尚，促进了水果种植业、加工业及其他相关产业的蓬勃发展，帮助百万农民奔上了小康之路。

从一家濒临倒闭的小罐头厂，10年间一跃成为总资产40多亿元的大型集团化果汁专业生产企业，这就是“汇源”创造的神话。这个神话不是一般的成功，但又绝不是偶然，汇源果汁时刻铭记对消费者负责，对产品负责的重大责任。朱新礼曾说过这样的话，他事业上如此的成功，最让他感到欣慰的，不是财富的不断积累，不是各种荣誉的获得，而是看到农民们将水果卖给汇源，数着钱开心回家的情景。也许就是这种实在的想法，才是朱新礼事业不断成功的源泉，才是十几年来汇源果汁不断发展壮大，不断成熟、不断得到消费者信任与支持的理由。

第二节　果汁的种类

一、原果汁

原果汁是指由新鲜水果直接提取得到的汁液，包括澄清果汁和混浊果汁两种。

（一）澄清果汁

其外观呈清亮透明状。果品经提取后获得的汁液中往往含有细微的果肉、蛋白质及果胶物质等，使得汁液呈混浊状。将其放置一段时间后，会出现分层现象，产生沉淀。经过滤、静置后即可得到澄清透明的果汁。这类果汁由于其中的细微果粒，果胶物质被去除，虽稳定性高，但风味、色泽和营养价值也因此而受到损失。

（二）混浊果汁

其外观呈混浊均匀状，果汁内含有细微的果肉。它的制造工艺与澄清果汁有所不同，不需要澄清，但是必须经过均质处理，去除大颗粒的果肉，以保证制品的质量。这类果汁的风味、色泽和营养价值均比澄清果汁好很多。

二、浓缩果汁

原果汁经蒸发、冷却或采取其他适当的方法，使其浓度提高到20%以上时即成浓缩果汁。

三、带肉果汁

果品经打浆、磨细、粗滤后，再加入适量的辅料加以调整，经排气、均质、装罐和杀菌制成。一般制品的原果浆含量不得低于45%，非可溶性物质应达到20%以上。桃、苹果、杏、李及香蕉适宜于用来生产带肉的果汁。

四、加糖果汁

是由原果汁或浓缩果汁，加入糖及柠檬酸，调整至总含糖量达60%以上，总酸量在0.9%～2.5%，然后加热溶解，过滤制成。

五、果汁饮料

该类饮料含6%～20%的新鲜果汁，允许加入法定色素、防腐剂、乳化剂及香料。

第三节　果品制汁的特有工序

一、果汁的澄清和过滤

（一）加明胶和单宁澄清法

单宁遇到明胶就会结合生成不溶性的明胶单宁盐而沉淀。在新鲜的果汁内只含有少量的单宁和明胶（可溶性蛋白质），作用缓慢。为了加速澄清，就需要再加入一部分的单宁和明胶。在果汁中加入明胶单宁溶液搅拌均匀，在10℃～15℃下静置10～12小时，使其沉淀。

（二）瞬时加热澄清法

将果汁在1分半钟内加热到80℃，维持4分钟，然后在2分钟内迅速冷却至室温，利用温度的剧变使果汁中的胶体凝固。

（三）加酶澄清法

果汁中的果胶物质阻碍了果汁的澄清。这些果胶物质在果胶酶的作用下会使果胶体变成果胶酸，使果汁变得澄清。澄清果汁所用的酶制剂一般是由黑曲霉或者米曲霉生产的。澄清果汁时，酶剂用量的多少是根据果汁的性质和果胶物质的含量及酶剂的活性来决定的。澄清时，现将果汁加热到80℃杀菌，然后待果汁冷却到30℃～37℃是加入酶剂，搅拌均匀。静置3～5小时，这是果汁中的絮状悬浮体就逐渐沉淀下来，果汁即变得澄清。

（四）自然澄清法

将果汁装入容器内，静置一段时间，使果汁内悬浮物沉淀到容器底部，即可得到澄清的果汁。通常在0℃～2℃的温度下进行自然澄清。澄清后，可用虹吸法将上层澄清的果汁取出，然后加热到80℃～85℃，再经过过滤、脱氧、消毒、装瓶、杀菌等即可成为澄清透明的果汁。

（五）冷冻澄清法

果汁经过冷冻后，胶体因脱水、浓缩变性后解冻时易形成沉淀，使果汁变得澄清。

（六）过滤

加工中不论采用哪一种澄清方法，最后都需要经过过滤，以使果汁澄清透明。常用的过滤设备有袋滤器、纤维过滤器及压滤机等。过滤时应尽量避免果汁受到金属污染或者尽量少和空气接触。

二、混浊果汁的均质和排气

（一）均质

均质是混浊果汁制造中的特殊操作，目的是使果汁中较大的颗粒变得更加微小而均匀，以免装瓶后发生沉淀现象。均质机的筛孔是非常微小的，可使果肉破碎后成为较小的微粒，均匀地分散在果汁中。果汁均质后，色泽和外观均得到了很大的改善，装瓶后也不致产生沉淀而引起混浊。

（二）排气

又称去氧处理，目的是为了除去果汁中的氧气，以免果汁的成分氧化损失掉，也可减少果汁的色泽和风味变化。排气的方法有：抗氧化剂法，在果汁中装罐时加入少量的抗氧化剂，以除去罐头顶部的氧气；真空排气法，将果汁在真空状态下分散成薄膜或雾点从而排掉氧气；氮交换法，在果汁中压入氮气，使果汁中的葡萄糖在氮气的作用下氧化为葡萄糖酸而达到去氧的目的。

三、浓缩果汁的浓缩和脱水

浓缩后的果汁体积小，便于贮藏和运输。同时浓缩后果汁的糖分和酸分相对提高，增强了保藏性。果汁的浓缩主要有以下几种方法：加热真空浓缩法，在减压的环境中使果汁中的水分迅速蒸发；冷冻浓缩法，将果汁放在低温环境中使果汁中的水分部分结冰，然后低温冷缩，使果汁原有的色、香、味和营养成分的损失减少很多，制品质量明显提高；反渗透浓缩法，在选择性渗透膜的一边施加大于果汁渗透压的压力，水分就从浓度较高的果汁的一边透过渗透膜流向浓度较低的另一边，从而达到浓缩的目的。

第四节 果汁加工中存在的问题及防治措施

一、变色

酶褐变

果汁中的多酚类物质在多酚酶的作用下氧化，并进一步聚合生成黑色素，果汁因此而褐变。防止褐变的方法为：

1. 在破碎果品使喷洒坏血酸溶液以抑制褐变。

2. 在果汁中加入适量的果酸，使 pH 值下降到 2.5，然后将果汁再通过阴离子交换器，使 pH 值恢复到所要求的水平。

二、变味

果实不新鲜会产生怪味，比较特殊的变味是由果汁中过量的香精油引起的。香精油是在果实带皮压榨时由果皮进入果汁中。防止该种变味的措施为：

1. 将果汁贮存在4℃的温度下。
2. 用锥形榨汁机压榨时，分别取出果汁和精油。

三、沉淀混浊

苹果汁会由于厌氧微生物的生长而引起混浊；葡萄汁的混浊主要是色素的分解产物；柑橘汁常因为产生悬散性固体的絮凝物和分离造成混浊。防止混浊的主要措施为：将果汁榨汁后迅速升温至89℃以上，破坏果胶酶的活性。

四、微生物引起的败坏

引起果汁败坏的菌类主要有霉菌、酵母菌及细菌。霉菌破坏果胶，改变果汁的酸味；酵母菌造成果汁发酵，产生大量的二氧化碳。细菌在无氧的环境下迅速繁殖，对低酸性果汁具有极大的危害。防止果汁感染微生物的措施为：采用新鲜无腐烂的果实，注意车间设备、容器用具等的消毒处理。

第五节　果品制汁的实例精选

一、柑橘汁

由于组成柑橘汁风味、色泽和营养的主要因素是悬浮微粒，所以柑橘汁一般制成混浊状最佳。

（一）工艺流程

选料⟶洗涤⟶去皮⟶榨汁⟶粗虑⟶均质⟶排气⟶装罐⟶密封⟶杀菌⟶冷却⟶成品。

（二）原料的选择和预处理

应选择皮薄、汁多、酸甜适度、色艳、有香气的果实。将果实去皮去络去籽后用杠杆式或螺旋式压榨机榨取果汁。

（三）操作要点

1. 粗虑与均质

用筛孔直径为 0.3 ~0.5 毫米的筛子将压榨后的果汁粗虑，然后均质处理，使果汁呈现均匀浑浊状态。

2. 排气

在榨汁时果汁中经常会混入空气，从而造成营养成分的损失和风味的下降，可采用真空排气装置进行排气。

3. 装罐、密封、杀菌、冷却

将按照上述处理过的果汁加热装罐，汁液的中心温度不得低于 80℃，然后密封。在沸水中杀菌 8 分钟左右冷却即可。

二、葡萄汁

（一）工艺流程

选料⟶洗涤⟶压碎去梗⟶加热⟶去果肉浆⟶杀菌冷却⟶澄清⟶离心分离⟶过滤⟶浓缩⟶冷却⟶除酒石⟶调整糖度⟶杀菌⟶装瓶⟶密封⟶倒置⟶冷却⟶包装。

（二）原料的选择和预处理

应选择风味良好、多汁的品种。适合制汁的葡萄品种有玫瑰香、鸡心、黑虎香等。

将果实洗涤后，去除果梗，以免单宁与葡萄共热时，溶解在葡萄汁中，使果汁带有涩味，同时防止葡萄汁发生变色。去除果梗后立即破碎，然后加热到70℃，保持10分钟，促使果皮中的色泽溶解在果汁中，这道工序是红葡萄汁增色的重要步骤。

（三）操作要点

1. 澄清

将粗滤后的葡萄汁加热至80℃杀菌处理，然后注入到洁净的瓷缸或玻璃瓶中密封，置于0℃～10℃的冷藏库内沉淀，经过数月至一年，果汁就完全澄清。也可采用酶制剂处理或明胶单宁法加快沉淀速度。

2. 封装、冷却

将澄清后的葡萄汁加热至80℃～85℃，装瓶密封，在温度为85℃的热水中杀菌15分钟，冷却至35℃，保存即可。

三、浓缩菠萝汁

（一）工艺流程

选料──→清洗──→切端──→去皮──→压榨──→排气──→杀菌──→冷却──→浓缩──→装瓶。

（二）原料的选择和预处理

选择无腐烂、无病虫害、成熟度适宜的果实，也可利用生产罐头和果脯的边角料。

用清水去除果皮表面的污物，然后手工去皮，因为皮中含有较多的菠萝蛋白酶和单宁物质，会影响制品的质量。把去皮后的菠萝果实放入螺旋榨汁机中榨汁，并把第一次榨汁后的果渣加少量清水搅拌均匀后，再重榨一次，提高果实的出汁率。

（三）操作要点

1. 排气

采用真空排气法，此时将进行酸度调整，往果汁中加入量为果汁量1%的柠檬酸，通过托起液面控制阀，从喷管加入容器中。在64～87千帕真空度下进行排气，然后在出口处，采用螺杆泵吸出已脱气的果汁。

2. 杀菌

采用瞬时杀菌法，使用热交换器。

3. 浓缩

在果汁中加入0.5千克的苹果酸钠，送入真空浓缩器内浓缩，控制真空度为85千帕左右，沸腾温度为48℃～55℃，加压蒸汽压力为49～147千帕。当果汁中的总糖量达57.5%～60%时，即可出锅。

4. 装瓶

浓缩后达到标准的果汁，冷却到适合的温度，在无菌的环境下迅速装瓶，密封瓶盖。

四、番茄混浊汁

（一）原料的选择和预处理

1. 选料

选择新鲜、成熟度适当、颜色鲜艳、香味浓郁、糖酸比适当的优良品种。

2. 挑选、清洗

将番茄放入水槽中用清水洗净，可以添加次氯酸钠、洗涤剂等方法加强清洗效果。

（二）操作要点

1. 破碎、预热

用切碎机将番茄破碎成果浆状，立即加热至80℃，持续5～10秒，可采用管式热交换器等设备进行加热。

2. 榨汁

采用螺旋榨汁机取汁，其筛孔径约0.4毫米，将浆渣分离。

3. 排气

在破碎榨汁的过程中，原料中会混入空气，可采用降膜式真空脱气装置、喷雾式真空脱气装置进行排气。

4. 调配

添加0.5%食盐或其他香辛料进行调配。

5. 均质

为了使果粒更加细致，提高粒稠度，可以使用均质机进行均质。

6. 预杀菌

在灌装之前应对番茄汁进行高温短时杀菌，一般在温度为118℃~122℃的环境下杀菌40~60秒。

7. 灌装、密封

杀菌后应迅速冷却到90℃~95℃立即热灌装，采用的容器一般为金属罐，也可使用玻璃瓶和纸容器，灌装后密封、杀菌，温度为90℃~95℃，时间10~20分钟。

五、山楂汁

(一) 原料的选择

从综合利用的角度出发，应重视两点：一是利用野生山楂资源，发展饮料生产。二是以山楂罐头制品等所剩下脚料，特别利用山楂核生产饮料。山楂核是指对山楂进行除核处理时，连同山楂种子一起被带出的、附有籽巢、花萼、果蒂和部分果肉的混合物，约占山楂原料总重的30%~40%。每千克山楂核可替代500克鲜山楂，用于生产各种山楂饮料。这是提高山楂利用率，增加经济效益，搞好山楂综合利用的一条重要途径。

（二）操作要点

1. 压破处理

生产山楂汁的一个关键环节是压破处理，目的是增加果实与渗浸介质（水）的接触面积，这对于加快渗浸速度，提高渗浸液中可溶性固形物的含量是很有必要的。山楂的压破处理可通过一对滚轮的挤压作用来完成。两滚轮的间隙大小，可作适当调整。以果实破裂呈偏平状，种子完好不破裂为佳。如果山楂果实小大不一，压破前应对原料进行分级处理。

2. 软化

采用渗浸法制取原汁。影响果汁风味、色泽、产率的关键环节首先是软化湿度的高低以及软化时间的长短，其次是渗浸用水量的多少、渗浸温度和渗浸方式。

3. 渗浸

可采用一次渗浸法、间歇二次渗浸法、间歇多次渗浸法。

（1）一次渗浸法。

软化温度为85℃～95℃，软化20～30分钟，软化后自然冷却，渗浸12～24小时，软化和渗浸的总用水量约为鲜山楂总重量的3倍。用此方法制取的原汁，原汁中所含的可溶性固形物总量，约为所使用的鲜山楂原料总重量的6%左右。制得的果汁果胶含量低，透明度好，色泽与风味俱佳。

（2）间歇二次渗浸法。

第一次渗浸时，软化温度为85℃～95℃，软化20～30分钟，总用水量约为山楂总量的2倍，软化后即可进行滤汁。滤汁后，加入量为原料总重量2～3倍的水，加热至沸腾，并保持微沸状态30分钟，然后自然冷却，渗浸8～12小时后，进行第二次滤汁。两次所得原汁可混合使用，可溶性固形物的含量约为山楂原料总量的9%。两次渗浸所得的原汁，经混合后既可用于生产山楂饮料制品，又可用于生产山楂果冻制品，其残渣仍有一定的综合利用价值。

（3）间歇多次渗浸法。

第一次渗浸时，软化温度为95℃～100℃，软化30～60分钟，总用水量约为山楂重量的3倍，软化后即可进行滤汁。第二次以及以后各次的软化渗浸条件大体同第一次，只是在加水量方面，减少至山楂原料总重的1～2倍。采用这种方法，可进行5次以上的软化渗浸，并将各次所得滤汁混合使用。间歇多次渗浸法的实质是，山楂原料在微沸的水中经较长时间（一般为3小时以上）的热浸。各次软化渗浸直接使用80℃以上的预热水，可收到更好的渗浸效果。可溶性固形物的含量一般为所用鲜山楂原料总重量的12%～15%。所得混合原汁，适宜生产山楂冻制品，也生产山楂饮料制品。

以上三种制取山楂原汁的方法，工艺基本相同。

软化和渗浸操作时，使用可倾式夹层锅。如需较长的渗浸时间，可提前在夹锅中进行软化处理，然后再移置到瓷缸或其他耐酸容器中完成渗浸过程。

4. 过滤与澄清

目前生产的各种山楂饮料制品，基本都属于澄清果汁型饮料。经渗浸法制得的原汁，必须进行严格的过滤和必要的澄清。

（1）粗滤。

目的是为了除掉混杂在原汁中的破碎果肉、果皮、粗纤维和果核等物质，为澄清处理和精滤做准备。粗滤的设备主要有振动式平筛、具有螺旋输送器的固定多孔金属筛等，粗滤筛板的孔径一般为0.5毫米，利用粗纱布或无毒化纤品编织的筛网，可用来替代筛滤机进行粗滤操作。

（2）澄清。

一般采用自然澄清法和加酶澄清法。

自然澄清法：

将粗滤后的原汁静置于溶器中，在常温下自然放置 12 小时左右。然后采用虹吸法或其他的方法，将容器中的清果汁取出，容器底部所剩的沉淀物和混汁另行处理。

加酶澄清法：

为了使山楂原汁及其饮料制品具有一定的稳定性和透明度，可在原汁中添加适量酶制剂，将原汁中所含的果胶等高分子化合物，水解为半乳糖、醛、酸等低分子化合物，使原汁的粘度下降。同时，原汁中悬浮微小物质，由于失去了果胶的保护作用而发生沉淀，从而取得了良好的澄清效果。澄清时所用酶类，宜以果胶酶为主体，如果选用含有适量的半纤维素酶的混合型酶类则更佳。

（3）精滤。

不管采用哪一种方法，澄清原汁必须进行精滤。

六、杨梅甜果汁

（一）原料的选择

选择新鲜成熟、色泽好的杨梅，剔除未成熟的青果。去梗，拣去枯枝落叶，将其放在流动清水中漂洗去除杂质。

（二）工艺流程

选料——→清洗——→浸泡——→漂洗——→糖渍——→调配——→装罐——→密封——→杀菌、冷却。

（三）操作要点

1. 浸泡、漂洗

配制浓度为 3% 的盐水，将杨梅倒入浸泡 10 ~ 15 分钟。用清水漂洗，洗去盐分和杂质。

2. 糖渍取汁

取砂糖 40 千克，清水 10 千克，放入夹层锅中加热至溶化，然后倒入 100 千克的杨梅，加热至 65℃，保温 10 分钟左右，出锅后倒入缸内浸渍 12 ~16 小时，用三层纱布过滤。再用占果渣重量 50% 的水将果渣浸泡约 10 分钟，过滤，将两次过滤后的汁液混合备用。

3. 调备

先测果汁的含糖量，如果糖度偏高则加水释稀到浓度为 14% ~16%，再测定果汁的含酸量，可用柠檬酸调节酸度至 0.7% 左右，然后倒入夹层锅中，加热至 85℃，出锅，滤后装罐。

4. 装罐

装入经消毒的旋口玻璃罐中，罐盖与胶圈用沸水消毒 5 分钟左右。

5. 密封

放好罐盖、旋紧密封时应保持汁温不低于 70℃。

6. 杀菌、冷却

趁热将果汁放入 90℃ 的热水中，5 分钟后分段冷却。

（四）制品的特点

杨梅汁呈紫红色或淡红色。具有杨梅的风味。

七、杏子果肉汁

（一）原料的选择和预处理

选择黄色个大、酸甜适当、离核、有浓郁香气、少纤维、成熟的品种。先将果品清洗干净，再一切为二，去核备用。用不锈钢刀除去伤疤、病虫、黑斑等部分并摘除果梗。

（二）工艺流程

选料──→清洗──→切分──→去核──→预煮──→打浆──→脱气

——→均质——→勾兑——→加热——→装罐——→封口——→杀菌——→冷却——→擦罐——→贴标——→包装。

（三）操作要点

1. 预煮

将其放入不锈钢夹层锅内，用蒸气把果肉煮烂，约10分钟。

2. 打浆

用0.6毫米和1.0毫米的筛网，连续打浆两次，除去粗纤维及碎渣等物。

3. 脱气、均质

首先在真空度为90.7～93.3兆帕的真空下抽气3～4分钟，使组织内的氧气完全排除，再置于真空度为9.8～18.6兆帕的压力下，高压均质，使果肉汁均匀、呈微粒状，悬浮在汁中不发生沉淀。

4. 勾兑

往均质后的果浆中，加糖和酸使可溶性固形物含量达17%～18%，含酸量为0.5%左右。

5. 加热

将果浆放入夹层锅内迅速加热到80℃，搅拌均匀并趁热灌装。

6. 灌装

趁热将果汁装入已消毒过的罐内，罐盖也要消毒备用。

7. 封口

在汁温不低于75℃时，旋紧罐盖。

8. 杀菌

在沸水中杀菌7～8分钟，再放在冷水中分段冷却至40℃。

八、苹果混浊果汁

（一）原料的选择和预处理

选择新鲜汁多、香味浓、成熟的苹果，并剔除斑点、病、虫、伤、烂果，清洗、去皮、去籽巢，并用浓度为1%的食盐水护色，使用前再用清水冲洗一次，去除残余的盐液。

（二）工艺流程

选料⟶清洗⟶预查⟶打浆⟶勾兑⟶脱气⟶均质⟶杀菌⟶冷却⟶灌浆⟶包装。

（三）操作要点

1. 预煮

在果块内加等量的浓度为15%的糖水，在不锈钢夹层锅内煮12~15分钟，使之便于打浆。

2. 打浆

将果块与糖水加热煮软后，用孔径为0.1毫米和0.6毫米的筛网打浆机，进行两次打浆过筛。

3. 勾兑

取上述过滤后的果肉汁调酸并加一定量的糖浆，把汁液高速配到含糖量为14%。其中原果汁量要求在40%以上。用柠檬酸将总酸调在0.3%~0.5%之间。

4. 脱气

在真空度为0.05兆帕的真空下脱气15分钟。

5. 均质

先经胶体磨磨细后，再在9.8~19兆帕的压力用高压均质机对果汁进行高压均质。

6. 杀菌

采用片式热交换器，在93℃的温度下保持约20秒，迅速冷却，然后用灌装机装入经消毒的容器中，密封。

（四）生产中的问题及解决办法

1. 风味不突出

可使用两种或两种以上的品种原料，取长补短，增加风味。

如用 65% 的“国光”配上 35% 的“红玉”或以 65%“国光”加上 35% 的“元帅”，风味就会得到改善。还可根据糖酸比来调和，也可采用蜂蜜调配制作，得到风味好的效果。

2. 褐变

利用预煮防止酶褐变，在加工中把水先加热至 85℃ 左右，再倒入果块迅速升温以防止变色。对于非酶褐变，多采用双糖减少变色。如进行冷榨加工可在榨汁时添加抗坏血酸防止褐变。

3. 产生沉淀

果汁出现沉淀多是由于加工用水过硬，或未经胶体磨和均质机处理，或者是果肉比例过大。可加浓度为 0.05% ~0.15% 的果胶、琼脂或羧甲基维生素来增加稠度，避免出现沉淀。

九、桃肉汁

（一）原料的选择和预处理

选择个头大、桃核小、粘核、肉白色或黄色，成熟度高一些的桃子。剔除病、虫、伤、烂果后，进行清洗，注意用刷子刷净桃毛。如表面有残余农药时，应加稀盐酸进行清洗。沿缝合线将果子对切两瓣，用手掰开，剔除果核，投入浓度为 0.1% 的维生素 C（抗坏血酸）和柠檬酸混合液中防止褐变。

（二）工艺流程

选料──→清洗──→切瓣──→去核──→浸泡──→预煮──→打浆──→勾兑──→脱气──→均质──→杀菌──→灌装──→封口──→冷却──→装箱。

（三）操作要点

1. 打浆

将果肉用温度为 90℃ ~95℃ 水加热至沸腾。煮约 3 ~5 分钟，再放在孔径为 0.6 毫米的筛网中进行打浆去净果皮。

2. 勾兑

在桃肉浆中，加入量为浆重 2/3 的热水并搅拌均匀，过滤，去除粗纤维，再加入砂糖、柠檬酸及抗坏血酸等进行调配，达到糖度 14%，酸度为 0.3%，并添加维生素 0.01% 的维生素 C 防止褐变。

3. 脱气均质

采用真空脱气罐脱气，真空度为 90.7～93.3 千帕，高压均质，使浆液细腻，匀称。

4. 杀菌

在热交换器中进行高温瞬时杀菌，在 121℃ 的温度下保持 30 秒。

5. 装罐

可用无菌立乐包封口，也可直接装入瓶中，在 100℃ 的温度下杀菌约 20 分钟，再立即冷却到 40℃。

6. 装箱

将制品保温、擦罐、涂油、装箱入库。

十、洋梨汁

（一）原料的选择和预处理

选用发出香味、开始变软的原料，如要冷藏果品必须使中心温度在 15℃ 以下。原料必须进行清洗和用高锰酸钾药液消毒处理，再冲洗干净。

（二）工艺流程

选料→清洗→破碎→压榨→粗滤→调配→分离→精滤→灌装→封口→杀菌→冷却→擦瓶→成品。

（三）操作要点

1. 调配

由于洋梨含酸不足以及利于杀菌和保存、提高风味需要加柠檬酸。

2. 分离和精滤

目的是为了获得澄清透明的制品。后工序同苹果汁。

十一、秋子梨带肉果汁

（一）工艺流程

选料──→清洗──→破碎──→榨汁──→过滤──→梨汁──→调配（加稳定剂）──→脱气──→均质处理──→灌装──→密封──→杀菌──→冷却。

（二）操作要点

将梨果实清洗后破碎成 1～1.5 cm^3 的小块，加入浓度为 0.2% 的果胶酶制剂，进行压榨分离、过滤，得到秋子梨汁。往梨汁中加入适量的甜味剂和稳定剂，同时为了保持梨汁的色泽，需加入适量的抗氧化剂。

采用高压均质机使不同粒度、不同密度的果肉颗粒均匀化，增强带肉果汁的悬浮稳定性；调至所要求的均质压力和温度，保证较高粘度的果浆均质微粒化过程顺利进行；采用二次均质的方法，提高果汁饮料的稳定性。

均质前需先经 86.7～93.2 千帕的压力、30℃～40℃温度下的脱气处理，以防止氧化变色，保持产品的营养成分和风味。

定量灌装预封后，用蒸汽加热约 10 分钟，排除瓶中顶隙部分的空气，封盖后高温杀菌，分段冷却。

十二、橄榄制汁

（一）原料的选择

选择无病虫害、无霉变腐烂的新鲜果实，大小不限，除去枝叶等。

（二）工艺流程

选果──→清洗──→热烫──→破碎去核──→螺旋挤汁──→（果汁──→常温酶解、果渣──→常温酶解）──→合并二道汁──→粗滤──→硅藻土过滤──→调配──→预热──→灌装──→封口──→杀菌──→冷却。

（三）操作要点

1. 热烫

让清水中加少量碳酸氢钠，沸水热烫 3～5 分钟，以去除果品表皮的腊质层，使果肉组织软化。

2. 螺旋挤汁

成熟的橄榄果果肉质地紧密，果核坚硬，需破碎去核后，采用螺旋榨汁机挤汁。

3. 酶解

往果汁加入果胶酶处理，将果渣加等量水调至 pH 值为 4.5～5.0，同时加入果胶酶处理约 35 小时，每隔 1 小时搅动一次。

4. 过滤

将酶解后所得的汁液混合，过滤，除去汁液中颗粒较大的果肉，后加入浓度为 1% 的硅藻土采用板框压滤，制成澄清透明、具有橄榄特有风味的橄榄果汁，可溶性固形物含量在 5%～6% 之间。

第六章 果品糖制技术

糖制果品深受人民的喜爱。利用糖来保存果品在我国已有悠久的历史，早在一千多年前，人们利用蜂蜜熬制水果制成各种加工品，成为蜜饯。后来使用砂糖制成各种传统的糖制品，风味独特。如北京的果脯；浙江兰溪的蜜枣；苏州的话梅等。这些产品不仅畅销国内，有的制品在国际市场上也颇受欢迎。各种果品都可用来糖制，有些不宜鲜食的果品，如橄榄、青梅等通过糖制加工也可得到美味的制品。尤其是一些残次落果及加工中的边角料，如果皮、果心等都能加以利用，制成各种物美价廉的糖制品。因此果品糖制对充分利用果品资源，满足人民对果品的各种需要，具有重大的意义。

一般按糖制品的加工方法和状态，将糖制品分为蜜饯和果酱两大类。

一、蜜饯类

果品经过预处理（去皮、去核等）后进行糖煮或浸糖，再烤至表面不粘手为至。糖制后的果实或果块仍保持着原来的状态。往往根据糖制品的干湿状态将蜜饯类分为湿态和干态两类。湿态，是果品糖制后保存在糖液中的制品；干态，是糖制后晾干或干燥的制品，有时常在制品的外表加上一层透明糖衣或结晶糖粉。湿态蜜饯常用罐头包装，干态制品多用塑料袋和纸盒等包装。

蜜饯类又可分为：

（一）果脯

将鲜果糖渍煮制后经烘干而成，制品比较干燥，含水量低，含糖量在65%以上，含水量在20%以下。产品呈棕色、金黄色或琥珀色，半透明，有粘性。如苹果脯、梨脯、杏脯、桃脯、沙果脯等。

（二）糖衣果脯

是指果脯表面挂有一层白色粉末状砂糖糖衣，制品呈不透明状，质脆，含糖量高，如糖橘饼、糖金橘、糖莲子等。

（三）蜜饯

将鲜果用蜜或糖液浸渍或煮制，不经烘干而制成的果实糖制品。干燥程度低，制品比较湿润，含糖量在20%～30%之间，含水量在25%以上。

（四）带汁蜜饯

果品糖煮后浸泡在高浓度的糖浆中。

（五）凉果

首先将果品制成果胚，再采用浸糖法加工，不进行加热。因多以甘草作为辅料，又称甘草凉果。其制品外形一般保持原果体，有的品种表面呈盐霜，味道甘美酸甜，有原果风味，如话梅、陈皮梅等。凉果制品的糖分含量一般低于50%。

二、果酱类

果酱类是果品糖制后并不保持果块原来的形状，含糖量为60%或更高的制品，果酱类是一种高糖高酸食品。

（一）果酱

果实经预处理后加糖浓缩的产品，包括酱和泥酱两类。

（二）果泥

果品经预煮，打浆加糖浓缩的产品，酱内无果块。

（三）果冻

果汁和糖经浓缩冷却后呈凝胶状的制品。

（四）果丹皮

往果泥中加糖调配以烘烤脱水而制成的糖制薄片。

第一节　走近苏式蜜饯

按地方风味，蜜饯可分为京式、广式、苏式和闽式等。其中苏式蜜饯历史悠久，品种繁多，在我国果品加工工业中占有极其重要的地位。苏式蜜饯以选料讲究，制作精细，形色别致，风味清雅而闻名国内外。其产品的主要特色是返砂，保持原果本色以及原果风味，色、香、味三者俱佳。

苏州的地理位置优越，享有“中国蜜饯之乡”的美誉，盛产梅、杏、枇杷、杨梅、桃、金桔等40多种果品，为制造蜜饯提供了充足的原料，故苏州是我国最早生产蜜饯的地区之一。

蜜饯的制作可以追溯到三国时代，唐朝蔗糖业发展促进了蜜饯加工并使苏式蜜饯逐渐兴起。明代，苏州绘画、书法、雕刻等艺术的发展使得苏式蜜饯中出现了梅雕等珍品。清代同治年间，苏式蜜饯已经品种繁多，鼎盛一时，盛销江南集镇，远及关外等。建国前，苏州共有10多家作坊生产蜜饯，其中以“张祥丰”品牌最为著名，在上海、天津、嘉兴等地都设有分厂，规模之大，生产兴旺。

苏式蜜饯，由于甜、酸、咸适宜，松软可口，一直被列为“宫廷食品”。就其品种而言尤以金丝蜜枣、奶油话梅、金丝金桔、白糖杨梅、九制陈皮最著名。其中金丝蜜枣是苏式蜜饯中的传统产品，采用洞庭东山白蒲枣，果味浓郁，色似琥珀，入口酥松，在国内外市场中颇负盛名。1984 年，苏州蜜饯厂制造的“蜜”字牌金丝蜜枣被评为国家优质食品银质奖。同时，其采用鲜梅加工蜜饯在苏州也颇有特色。

第二节 果品糖制的主要工艺

一、果脯蜜饯类的加工工艺

果脯蜜饯类的加工工艺包括挑选、分级、清洗、去皮、去核、切分等预处理和腌制、硬化、硫处理、染色、糖制烘干、包装等后序工艺。

（一）盐腌

盐坯腌渍主要包括盐腌、暴晒、回软和复晒四个过程。盐腌分干盐和盐水两种。干盐法适用于果汁较多或成熟度较高的果品，用盐量将依果品种类和贮存期长短而异，一般为原料量的 14% ~18%。盐水法适用于果汁稀少或未成熟的果品。盐腌结束后，可作水坯保存，或经晒干制成干坯长期保存。

（二）保脆和硬化

为了提高原料的耐煮性和酥脆性，在糖制前应对原料进行硬化处理。即将原料浸泡于时氯化钙、明矾、亚硫酸氢钙的稀溶液中，让钙离子、镁离子与原料中的果胶物质生成不溶性盐类，使细胞相互黏合在一起，提高其硬度和耐煮性。

硬化剂的选用、剂量及处理时间的长短必须合适，过量则会生成过多的钙盐或导致部分纤维素钙化，使产品的质地粗糙，质量下降。经硬化处理后，在糖制处理前需经漂洗去除原料中残余的硬化剂。

（三）染色

在果品的加工过程中为了防止色素褪色，需进行染色处理。一般应选用无毒的染色剂，常用的染色剂为天然色素和人工合成的色素。天然色素如姜黄、胡萝卜素等，因着色的效果差，使用不便、成本高，故生产中应用较少。人工合成的色素种类繁多，我国规定只能使用胭脂红、柠檬黄和日落红等 20 多种。

南方凉果类制品多采用柠檬黄染色，红色果品可用胭脂红染色。

（四）糖制

糖制是蜜饯类加工的主要工艺之一。糖制过程是果品排水喜糖的过程，糖液中的糖分通过扩散作用进入组织细胞间隙，再通过渗透作用进入细胞内，最终达到所要求的含糖量。

糖制可分为蜜制和煮制两种。蜜制适用于皮薄多汁、质地柔软的果品，煮制适用于质地密致，耐煮性强的果品。

1. 蜜制

蜜制是利用糖液进行糖渍，使制品达到所要求的糖度。糖青梅、糖杨梅、樱桃蜜饯等多数凉果，都采用蜜制法。该法的特点是依次加糖，不用加热，能很好地保存产品的风味、色泽、营养价值和形态等。

2. 煮制

煮制有利于糖分迅速渗入原料，缩短加工期，但色香味交叉，维生素的损失较多。煮制可分为常压煮制和减压煮制两种。常压煮制又可分为一次煮制、多次煮制和快速煮制三种。减压煮制可分为减压煮制和扩散煮制。

（五）烘晒与上糖衣

除糖渍蜜饯以外，大多数的制品在糖制后都需要进行烘晒，除去部分水分，使表面不粘手，利于贮藏。烘烤温度不宜超过65℃，烘烤后的蜜饯含水量在18% ~22%之间，含糖量达60% ~65%，形态饱满，不结晶，质地柔软等。

制糖衣蜜饯时，可在干燥后采用饱和的糖液浸泡一下取出冷却，使糖液在制品的表面凝结形成一层晶亮的糖衣，使制品不粘结、不返砂，增强其贮藏性。

在干燥快结束的蜜饯表面上，撒一层结晶糖粉或白砂糖拌匀，筛去多余的糖粉，即可制成晶糖蜜饯。

（六）包装和贮藏

干燥后的蜜饯应及时整理包装然后按照包装要求进行包装。包装既能防潮、防霉，便于运输，还能是制品具备美观、大方、新潮的外貌。干态蜜饯或半干蜜饯一般先用塑料食品袋包装，再装箱，箱内应衬以牛皮纸或玻璃纸。颗粒包装、小包装等已成为新的发展趋势。带汁的糖渍蜜饯则采用罐头包装的形式。包装密封后均需用在90℃下进行20 ~30分钟的巴氏杀菌，结束后取出冷却。

二、果酱类的加工工艺

果酱类制品是以果品为原料，经过清洗、去皮、去核、软化、打浆、磨细或压榨取汁，加糖及其他配料等，浓缩、装罐而制成的一类半流体或固体食品。

（一）原料预处理及要求

首先需对原料进行挑选，去除霉烂、成熟度低等不合格的果品，必要时按成熟度分级，再按不同种类的产品要求，分别经过清洗、去皮、去核、切块、修正等处理。果皮粗糙坚硬的原料，如菠萝、梨、苹果、桃、柑橘等，必须出去外皮。去皮后易变色的果品，应及时浸入食盐水或酸或酸盐混合液中护色，并尽快加热软化，破坏酶的活力。

（二）加热软化

目的是破坏酶的活性，防止变色和果胶水解；软化果肉组织，便于打浆和糖液渗透；促进腐烂变坏组织中的果胶溶出，并蒸发掉部分水，缩短浓缩时间。

在果品进行软化时，可加水或加稀糖溶液进行加热软化，软化升温要快，时间依原料种类及成熟度而异。每批放料不宜过多，生产流程要快，以防止长时间加热，影响制品的风味和色泽。

用来生产果冻的果品，软化后需要榨出果汁，然后过滤、澄清。柑橘类一般使用果肉来榨汁，往残渣中加入适量水加热软化，抽出果胶液与果汁混合使用。

（三）加热浓缩

是指果品原料及糖溶液中水分的蒸发过程。大部分果品对热的敏感性很强，浓缩方法通常有两种常压浓缩和减压浓缩。

1. 常压浓缩法

主要设备：

是盛无料的带搅拌器的夹层锅。原料放入锅内后在常压下用蒸汽加热浓缩。开始时的蒸汽压较大，后期因原料中的可溶性固形物含量提高，容易因为高温发生褐变焦化，这时蒸汽压应降低至19.6千帕左右。为了缩短浓缩的时间，保持制品良好的色、香、味和凝胶力，每锅的下料量应控制在出成品50~60千克为宜，浓缩时间以30~60分钟为好。时间太短会因转化糖不足而在贮藏时发生蔗糖结晶现象。

浓缩时，要不断搅拌，以防止锅底焦化。当出现大量气泡时，可加入少量的冷水，防止汁液外溢而造成损失。

主要缺点：

温度较高，水分蒸发速度慢，芳香物质和维生素 C 的损失严重，制品色泽差。如果要制成优质的果酱，通常选用减压浓缩法。

2. 减压浓缩法

其减压装置有单效和双效两种。以单效浓缩锅为例，它是一个带搅拌器的双层锅，并配有真空装置。工作时，先往其中通入蒸汽，赶走锅内的空气，再开动离心泵，在锅内形成一定的真空，当真空度达到 53.3 千帕以上时，方能开启进料阀。当浓缩的原料靠锅内的真空吸力被吸入锅内并达到容量要求时，开启蒸汽阀门和搅拌器进行浓缩。加热蒸汽压应保持在 98.0 ~ 147.1 千帕，锅内真空度为 86.7 ~ 96.1 千帕，温度 50℃ ~ 60℃。在浓缩的过程中如果泡沫上升激烈，可开启锅内的空气阀门，使空气进入锅内以抑制泡沫的继续上升，等到正常后再关闭。在浓缩的过程中应保持原料超过加热面，以防止焦锅。当浓缩至接近终点时关闭真空泵开关，破坏锅内的真空环境。边搅拌边将果酱加热升温至 90℃ ~ 95℃，然后迅速关闭进气阀，出锅。

如何判断到达浓缩终点，主要靠取样用折光计测定可溶性固形物的浓度，或者也可以靠经验来判断。

（四）装罐、密封

果酱类制品大多数采用玻璃瓶或者防酸涂料铁皮罐为包装容器，在使用前必须进行彻底清洗。玻璃瓶用 95℃ ~ 100℃ 的蒸汽消毒 5 ~ 10 分钟，然后将罐倒置沥水。铁罐用 95℃ ~ 100℃ 的热水或蒸汽消毒 3 ~ 5 分钟。装罐时，应保持装罐温度在 40℃ 以上，胶圈需经水浸泡脱酸后使用，罐盖用沸水消毒 3 ~ 5 分钟。果丹皮、丹糕等干态制品一般采用玻璃纸包装。

果酱、果糕、果冻出锅后，应及时快速装罐密封，一般要求在 30 分钟内将锅内的浆分装完毕，密封时的酱体温度不应低于 80℃～90℃，装罐后应立即进行杀菌冷却。

（五）杀菌、冷却

果酱在加热浓缩的过程中，里面的微生物大多数已被杀死，加上果酱的高糖高酸性对微生物的生长具有很强的抑制作用。故一般装罐密封后，残余于果酱内的微生物是难以继续生长繁殖的。对于工艺卫生条件好的生产厂家，可在果酱封罐后倒置数分钟，利用酱体的余热进行罐盖的消毒，然后直接入库，这样也可保存 1～2 年。但是一般在封罐后应进行杀菌处理。

铁皮罐包装可在杀菌结束后迅速用冷水进行冷却至常温。玻璃瓶包装应进行分段冷却，然后用干布擦去罐外水分和污物，然后入库保存。

第三节　果品糖制的实例精选

一、杏脯

（一）工艺流程

选料──→清洗──→切片──→去核──→护色──→漂洗──→熏硫──→糖制──→烘制──→包装。

（二）原料的选择和预处理

1. 选料

宜选用个大、肉厚、质地细致、风味好的优良品种，以果实表面全部呈现黄色、约八成左右熟的鲜杏为佳，去除残次腐烂的果实。

2. 清洗、切分、去核

用清水冲洗干净后，将杏的缝合线朝上平放，沿缝合线将杏一分为二，然后去掉杏核。

（三）操作要点

1. 护色、漂洗

将上述操作后的杏瓣立即放入浓度为2%的食盐水中浸泡护色，浸泡2~3小时后，放入清水中冲洗，并沥干。

2. 熏硫

将杏瓣放置在竹盘上，洒少量的清水，送入熏硫房进行熏硫2~3小时，当杏瓣上有水珠出现，并且杏肉呈淡黄色时，移出烘房。

3. 糖制

采用糖渍糖煮法。将30千克蔗糖和杏瓣按一层糖一层杏地摆放在锅中腌渍起来，顶上用糖盖住，腌渍48小时。然后进行糖煮，将腌渍用的糖液加入另一锅内，加约20千克的蔗糖，配制成浓度为65%的糖液，煮沸后放入杏瓣，用文火煮15~20分钟后，加入15千克浓度为65%的冷糖液，随后移入浸缸中浸渍24小时，再移入锅中，加热升温至70℃~80℃时，捞出杏瓣，沥干。

4. 烘制、整形

将杏瓣摆放在烘盘上，放入烘房，在温度为60℃~65℃的环境下烘烤10~12小时，直至含水量低于26%时，移出烘房，在室温下回潮24小时，最后将杏瓣捏成片状。

5. 烘制、包装

将杏片摆放在烘盘上，再放入烘房，在温度为55℃~60℃的环境下烘至含水量低于20%时，移出烘房，回潮，剔出不合格品，进行包装。

6. 制品的特点

色泽鲜艳，透明发亮，呈扁圆状，肉厚，柔软带有韧性，酸甜可口。

二、番茄脯

（一）工艺流程

选料⟶清洗⟶去皮⟶切块⟶硬化处理⟶一次糖煮⟶浸渍⟶二次糖煮⟶浸渍⟶烘干⟶整形⟶包装。

（二）原料的选择和预处理

1. 选料

应选新鲜或冷藏较好的小番茄，色红，形态和风味均好，未受病虫危害，果肉肥厚且硬度较强，籽少，汁液少，耐煮性强，成品率高，以长圆形果品种最为适宜。

2. 清洗、去皮、切块

将番茄放入清洗槽内，洗净表面的灰尘和泥沙。然后倒入95℃～98℃的热水中，热烫15～40秒，至表皮易撕掉为至，然后立即捞出放入冷水中搓擦去皮。用小刀将去皮后的番茄蒂把挖掉，再从中间一切两瓣。

（三）操作要点

1. 硬化处理

将切好的番茄放入石灰水中，浸泡10～12小时，然后用清水漂洗干净，或者用浓度为0.4%～0.6%的氯化钙溶液浸泡2～2.5小时。

2. 一次糖煮

首先配制浓度为18%～20%的糖溶液，量依据原料及锅的大小来确定。将水加热至75℃左右，加入白砂糖，搅拌使其完全溶化。按糖溶液的量，加入浓度为0.2%的重亚硫酸钠溶液，加热至沸腾。倒入番茄，煮沸10～15分钟。重新调整糖液浓度，使其维持在20%左右，倒入浸渍缸中，浸泡24小时。

3. 二次糖煮

配制浓度为55%的糖溶液，往其中加入浓度为0.2%~0.3%的柠檬酸。糖溶液配好后，加热至沸腾，把浸渍过的番茄倒入锅中煮沸。期间每隔几分钟补加一次白砂糖，煮至糖液浓度为65%~70%，pH值为2.5~3。煮制时间约为20~30分钟，当番茄由硬变得柔软时，停止加热。待糖溶液温度降至40℃以下时，加入少量的香精，搅匀，浸泡48小时。

4. 烘干

将浸渍后的番茄捞出，沥去糖溶液，将其均匀地摊放在竹篦上，放入烘房，在温度为55℃~60℃的环境下烘干，烘干10小时左右，上下倒盘。然后继续烘干24小时左右。取几块放在室外冷却后检查，用手摸着不觉得潮湿，有弹性，口感不脆但筋，即成番茄脯。然后将整理成形，包装，即得成品。

（四）制品的特点

番茄脯色泽鲜红，无褐变，甜酸可口。

三、西葫芦脯

（一）工艺流程

选料——→清洗——→去皮、瓤、籽——→切条——→硬化——→漂洗——→一次糖渍——→糖煮——→二次糖渍——→烘干——→冷却——→包装。

（二）原料的选择和预处理

1. 选料

应选用八至九成熟的西葫芦。

2. 清洗、去皮、切条

用清水洗净，去掉表面的泥土，刮皮，去掉瓤和籽，然后切成5厘米×1厘米×1厘米的长方块。

（三）操作要点

1. 硬化

将瓜条放入含2%的明矾和3%的石灰混合溶液中，浸泡约3～5小时后，捞出，用清水漂洗多次，直至无石灰味。

2. 烫漂

将洗干净的瓜条放入沸水中，煮2分钟捞出后，放入冷水中冷透。

3. 糖渍

先取25千克糖，用少量水溶化制成糖溶液，倒入沥干水分的瓜条，糖渍3天左右，至糖分大部分渗入。

4. 糖煮

将糖溶液与瓜条一同倒入锅，加热煮沸，期间每隔几分钟补加一次白砂糖，煮至糖液浓度为63%以上时，离火，糖渍1～2天便可沥下糖液。

5. 烘干

将沥干的瓜条送入烘房，温度控制在50℃～65℃之间，直至瓜条不粘手为宜。

（四）制品的特点

西葫芦脯光泽鲜艳，甜味纯正。

四、白糖马蹄

（一）工艺流程

选料——→清洗——→煮沸浸泡——→糖煮——→冷却——→成品。

（二）原料的选择和预处理

1. 选料

选择质地良好、大小均匀、新鲜的大个马蹄。

2. 清洗

将马蹄用清水洗干净，削去外皮，放入清水中浸泡。

（三）操作要点

1. 煮沸浸泡

将马蹄倒入沸水中煮沸至熟，然后捞出倒入清水中浸泡6个小时，沥干水分。

2. 糖煮

取7.5千克的白糖和15千克的水一起加热溶解，将马蹄倒入其中浸渍4小时左右。然后煮沸20分钟后，继续浸渍4小时。最后将剩余的白糖加入马蹄中一起煮沸，直至糖溶液浓缩到滴入水中能结成珠状时，即可将糖溶液滤出。

3. 冷却

将马蹄放入锅内不断地迅速翻拌，使温度下降，水分蒸发，冷却至马蹄的外层逐渐析出结晶，即得成品。

（四）制品的特点

白糖马蹄色泽洁白，表面结晶呈霜状，口感脆嫩，甜爽清香。

五、西瓜皮蜜饯

（一）工艺流程

新鲜西瓜皮——→除去翠衣、红瓤——→切条——→硬化——→漂洗——→护色——→热烫——→糖渍——→烧制——→冷却——→成品包装。

（二）原料预处理

将新鲜西瓜皮清洗干净后除去翠衣和红瓤后，切成长约5厘米、宽约1厘米的瓜皮条。

（三）操作要点

1. 硬化

首先用清水将生石灰溶化（按每100千克瓜皮条用6千克生

石灰的比例），冷却后将石灰澄清液置于容器中，边搅动边倒入瓜皮条，压上竹盖，使瓜皮条完全浸在石灰水中，浸渍 8～10 小时左右。

2. 漂洗

将瓜皮条捞出，倒入另一个盛有清水的容器中进行漂洗，每隔 1 小时换水 1 次，直至完全除去石灰味为止。

3. 护色

将漂洗后的瓜皮条置于浓度为 0.05% 的亚硫酸钠溶液中浸泡 4 小时。

4. 热烫

将锅中的水煮沸后，倒入经护色处理过的瓜皮条，约 5 分钟左右将瓜皮条捞出，用冷水冲凉冷却。

5. 糖渍

先往容器中倒入 1/3 的浓度为 22% 的糖液，再倒入冷却后的瓜皮条，然后加入浓度为 22% 的糖液至完全浸没瓜皮条。此后每隔一定时间调整一下糖液浓度。第 1 次浸渍 2～3 小时，原糖液浓度下降到 13% 以下后，把糖液浓度调整到 28%。第 2 次浸渍 2～3 小时，糖液浓度下降到 18% 以下后，把糖液浓度调整到 32%。第 3 次浸渍 3～4 小时，糖液浓度下降到 24% 以下，把糖液浓度调到 36%，继续浸渍 8 小时，即可进行煮制。一般每 100 千克瓜皮条用糖量为 90 千克。

6. 煮制

将糖渍后的瓜皮条连同糖液一起倒入锅内，加热沸腾 10 分钟左右，再用文火熬煮 50 分钟左右，即可出锅。

7. 冷却包装

把瓜皮条摊开放置在竹筛中，自然晾干，经常翻动，至瓜皮条起砂为止。待制品完全冷却，即可分拣包装。

六、油橄榄蜜饯

（一）原料的选择

选择个大、肉厚核小、大小一致、果形端正、果类美观的果实。

（二）操作要点

1. 糖渍蜜饯

将果实用清水漂洗几次，称重后放入煮锅内，加入量为果料重量20%的砂糖，30%的水，加热煮沸至无水时（注意不能煮焦），再加入20%的砂糖搅拌均匀，小火煮沸2小时左右，然后将果实连同糖液一同装入罐头瓶中，灭菌，即制成糖渍蜜饯。

2. 干态蜜饯

将上述糖渍蜜饯摆放在白瓷盘中放置一夜，第二天将其送入温度为70℃～75℃的烘箱中烘干。在烘烤的过程中要注意经常翻动，大约12小时后，果实上就会有白霜样的糖粉出现，这时拿出冷却、装袋、包装封口。

3. 糖衣蜜饯

即在干态蜜饯外面再裹上一层糖衣。制作糖衣的原料为砂糖、淀粉和水，依次按照3:1:2的比例混合煮沸，冷却至93℃左右时，将干态蜜饯浸入其中约1分钟后，立即取出放入白瓷盘中，置于温度为50℃左右的烘箱中烘烤。当蜜饯表面形成一层透明的灌装糖衣时，取出冷却、包装。

七、香渍杨桃

（一）原料的选择及预处理

1. 选料

选择新鲜、大小均匀、成熟度适宜的杨桃。

2. 清洗

用清水将鲜杨桃洗净，去棱边，沿纵向单瓣将其分切成长瓣状薄片。

（二）操作要点

1. 硬化处理

采用浓度为3%的明矾或0.2%的亚硫酸氢钙溶液将原料浸渍6～8小时，捞出，沥干水分。

2. 香料糖渍

首先将40千克的砂糖配成浓度为50%的糖液，加入香料混合粉末800克（每50千克鲜杨桃片配用丁香、陈皮、甘草三种同量碾成的混合粉末1.6千克）、安息香酸钠即苯甲酸钠40克。在不锈钢锅中加热使砂糖溶解至沸腾，然后加入杨桃片一起加热，煮沸几分钟，停止加热。糖渍1～2天再进行加热浓缩，然后冷却。这样反复加热3～4次，让原料充分吸收糖液，减少了把糖液抽出单独煮糖的麻烦。这种操作首先是要把杨桃片充分硬化，以免直接煮烂而不成型。这种透糖工艺属于多次直接加热，可在几天内达到透糖的目的。最后一次煮糖要求糖液浓度达到60%以上，如测得糖液沸点达到104℃左右，将杨桃片趁热移出，沥干表面的过多糖液，摆放在干净的平台上，拌入800克香料粉，使每片均粘上香料粉末，并压成同样的的扁平形，然后摆放到烘盘上送入烤房进行烘制。

3. 包装

用聚乙烯袋或塑料盘作100～200克的密封小包装。

（三）制品的特点

香渍杨桃具有杨桃的甜酸风味与香料的混合芳香，肉质脆嫩柔软，风味独特。

八、山楂果酱

（一）原料的选择

挑选新鲜、成熟度适宜的山楂，去除残次及腐烂的果实。

（二）操作要点

1. 软化

将清洗后的山楂放入夹层锅中加水（加水量约为1∶1），进行软化。软化时间约为15～20分钟，将山楂果煮透，内外充分软化为宜。注意不能软化过度，产生糊锅、变褐、焦化等现象。

2. 打浆

将软化后的山楂放入打浆机中，分离果浆、籽渣。

3. 浓缩

将果浆倒入夹层锅中浓缩，将75%的糖液分1～2次倒入锅中，糖液加入后应不断地搅拌以使水分迅速蒸发，浓缩时间约30～40分钟，浓缩时采用折光仪检查其可溶性固形物的含量，如果达到60%，即可停止浓缩进行装罐，在浓缩时注意不断搅拌以防止果酱焦化。

4. 装罐

果酱浓缩后应立即趁热装罐，装罐使用的玻璃罐需用蒸汽加热或沸水消毒，保持罐温在35℃以上装罐，玻璃罐容量为630克左右。

5. 杀菌

封罐后将罐放到沸水锅中继续煮沸15分钟左右，后依次用70℃、50℃、30℃的温水冷却，擦干。

九、猕猴桃蜜饯

（一）原料的选择和预处理

1. 选料

一般选择成熟度为八至九成熟的果实，成熟度低的风味不好，过于成熟的又不易去皮。

2. 清洗、去皮

将果实用清水清洗干净，去除表面的泥沙杂物。去皮，可采用手工去皮，也可将果实在放入浓度为10%～20%的碱液中浸泡2～3分钟，取出后在清水中漂去残留皮渣和碱液。

（二）操作要点

1. 烫漂

将果坯在沸水中烫漂5～10分钟，直至果肉转黄、软化为止，取出后沥干水分。

2. 糖渍

取相当于果肉重量70%～80%的白砂糖，分成两份，其中40%供糖渍用，60%供糖煮用。糖渍时将果坯分成三层，在上面洒上干糖，用糖量为：下层洒20%，中层洒30%，上层洒50%，糖渍14～16小时后，取出沥干。

3. 煮制

将糖渍后沥下的糖溶液中再加入白糖用于糖煮，把糖溶液配成浓度为60%以上，放入糖渍后的果坯，煮30分钟左右，当糖液浓度达到70%～80%时，捞出果坯。

4. 包装

将果坯与糖溶液一起分装于已经彻底消毒的玻璃瓶中，即得成品。

十、草莓酱

（一）原料的选择及预处理

选择新鲜无腐烂的草莓，去蒂、用清水洗净，用捣碎机或菜刀将其压碎成泥状。

（二）操作要点

把草莓泥倒入锅中，加适量的水用旺火煮沸 3～5 分钟，然后加入一定量的白糖，改用文火煮 8～10 分钟，同时要不停地搅拌。另外，把明胶放入少许水中浸泡片刻，上火加热至完全溶解，倒入果酱锅中搅拌均匀，继续煮 10 分钟左右，然后用汤匙取少许果酱，滴入平盘内，如果果酱不流散，即可离火。加入草莓香精搅拌均匀，装入容器内，加盖密封。

十一、话梅

（一）原料的选择

选用有色的品种，如大叶猪肝梅和花梅等。

（二）操作要点

1. 腌制梅坯

每 100 千克的青梅加 10 千克盐、125 克石灰，腌制 7 天左右，腌后出晒，直至梅坯表面上形成盐霜为止，随即放入箩筐中，盖上麻袋，存放在阴凉处回软，使梅坯内外水分均匀。选用大小均匀的梅坯，用清水漂洗脱盐 12 小时左右，其间换水 3 次，至梅坯中盐分的残留量为 1%～2%，漂洗后取出晒至 7 成。

2. 配料

通常为每 100 千克梅坯的浸液，25 千克水，4～6 千克甘草，10 千克白砂糖，4 千克精盐，200 克柠檬酸，500 克糖精钠，肉桂、丁香、豆瓣和茴香粉各 50 克，香草素适量。

3. 浸液

先将甘草用清水洗净、打碎，用 10 千克水煮后取出汁液，再加 10 千克的水煮后滤取 2 汁，继续加 5 千克的水煮后滤取 3 汁，然后将滤取的甘草汁混合在一起，并加入其他配料，加热至 80℃左右，趁热倒入梅坯中搅拌均匀，其后每隔 2 小时左右搅拌

1 次，24 小时后取出烘干，烘干的温度为 60℃ ~70℃。如果浸液未被梅坯吸干，则在烘至半干时将梅坯放入缸中吸干，或取出汁液倒入梅坯中，继续烘至 8 成干，取量为 0.1% 的香草素拌入其中，密封贮存。

第七章
果品酿酒技术

果酒是一种由果品制成的含醇饮料，是果品的主要加工品之一。采用水果酿酒不仅可以丰富酒的品种，满足人们更大的需求，并且可以节约工业用粮，改善山区经济发展，具有十分重要的意义。

果酒是以各种适宜的水果为原料，经过破碎、发酵或者浸泡等工艺精心调配生产而成的各式各样的低度饮料酒。水果酒生产仍以传统发酵法为主，此法是指果浆或者果汁加入自然酵母或人工培养的酵母，在一定的条件下，直至糖分耗尽，发酵终止的方法。一般含汁较多的水果，如葡萄、哈密瓜、猕猴桃等，均可采用此方法。随着果酒工业的发展，利用发酵与浸泡结合的方法来制造果酒的方法也得到应用。一般对含汁比较少的水果，如山楂、红枣等比较适宜采用此方法。

第一节　走近张裕葡萄酒

烟台张裕集团有限公司发展至今已有 100 多年的历史，是目前中国乃至亚洲最大的生产经营葡萄酒的企业。该集团生产的主要产品有葡萄酒、白兰地、香槟酒、保健酒、中成药、粮食白酒、矿泉水和玻璃制瓶八大系列几十个品种，年生产能力逾 8 万吨，产品畅销全国并远销马来西亚、美国、荷兰、比利时、韩国、泰国、新加坡、香港等世界二十多个国家和地区。

1892 年，著名的爱国侨领张弼士先生为了实现“实业兴邦”的梦想，先后投资 300 万两白银在烟台创办了“张裕酿酒公司”，从此拉开了中国葡萄酒工业化的序幕。北京中华世纪坛将张裕公司的创建记载为 1892 年中国发生的四件大事之一。至今，张裕集团已发展成为多元化的集团企业，是目前中国乃至亚洲最大的葡萄酒生产经营厂家。

张裕公司的百年大酒窖素有亚洲奇观之美誉。酒窖始建于 1894 年，沉入地下约 7 米，低于海拔 1 米左右，整体方位北距海边不到 100 米，占地 2666 平方米。该酒窖虽然傍海所建，同时又低于海平面，但没有渗漏，四季常温在 14℃左右。酒窖采用中国传统烧制的大青石砌成，纵横交错，有 8 个幽深的拱洞。拱洞交错连环，犹如迷宫。大酒窖两旁摆放着一排排的橡木桶，有大有小，共 148 种型号，其中的 3 只大桶采用法国林茂山的橡木制成，橡树树龄均在百年以上，锯开的桶材都需先放置三年，经过日晒雨淋，直到上面寄生出野生山蘑菇，并呈黑色，才能被选来制桶。用橡木制成的桶盛酒时，酒液不外渗，透气性又强，散发出特殊的香气。张裕最早的酒桶是从奥地利运来的，运来时只是一堆加工好的木板，需要在地窖中将其一块块拼起来，加上铜器才可以。这些木桶虽已百年有余，但保存完好，如今已作为文物供人观赏。

自百余年前张裕公司创立以来，高质量好品质始终是其坚定不移的信仰和孜孜不倦的追求。葡萄酒素有“七分原料、三分工艺”之说，张裕为了保证产品的质量，首先从葡萄原料这个源头抓起。据介绍，张裕公司在烟台建立了 8 万余亩优质葡萄基地，为了保持高端产品的持续竞争力，张裕从2005~2008年分阶段投入了3000万元资金，力求打造中国最大的“蛇龙珠”种植基地，来确保生产解百纳、酒庄酒以及高档白兰地所需葡萄原料的产量和质量。

在全球迈入整合营销时代的大背景下，张裕明确了“营销兴企”的发展战略，率先构筑了一个全国性、多品牌共享的市场营销网络体系。在多年的发展历程中，张裕始终坚持“终端致胜”的营销理念，不断扩大和完善营销网络体系，提升营销网络竞争优势。张裕采用了独创的“三级营销体系”，即销售公司总部——各销售分公司——经销处。其中，销售公司为决策中心，分公司为指挥中心，经销处为执行中心，各司其职，运营良好。

第二节 果酒概述

一、果酒的种类

根据采用的原料的不同，我们可以将果酒分为以下几种：

（一）山楂酒类

山楂又名红果，其酒色鲜艳，味酸爽口，味醇厚而悠长，风味独特。适量饮用山楂酒具有消积、健脾、开胃的功效。

（二）苹果酒类

苹果酒类是采用国光、红香蕉、黄香蕉、红玉等品种的苹果酿制而成的酒。酒液呈琥珀色，有苹果的芳香，味甜且酸，酒液中除含有苹果中的营养成分外，还含有丰富的维生素以及苹果酸和柠檬酸。

（三）柑桔酒类

是采用柑桔酿制的酒，主要产于南方各省。其酒液呈橙黄或淡黄色，色泽鲜艳，有浓郁的柑桔香，味甜醇。

（四）莓酒类

我国莓类丰富，包括野生品种和栽培品种，莓色泽鲜艳，浆汁饱满，用其酿出的酒液色泽艳丽，有独特的浓郁芳香。

（五）杨莓酒类

采用杨莓酿成的酒酒液鲜红，有杨莓的天然芳香。

（六）荔枝酒和菠萝酒类

荔枝、菠萝是我国南方地区的特产果品。其酿出的酒有鲜果芳香、甜美的独特风味。

（七）桑椹酒类

利用桑椹酿出的酒，酒液色泽红艳，有桑椹独特的风味，甜美可口。

二、果酒的质量鉴别

（一）色泽

酒液应透明，无悬浮物，无沉淀物。应接近果实的色泽。

（二）香气

应具有果实原料的芳香和果酒酯香，闻后清快舒畅，给人一种愉快感。

（三）滋味

甜味型的果酒，应香甜爽口，甜而不腻，醇而不烈；干型的果酒，应清凉爽口。

挑选果酒时，除靠感官质量鉴定外，还应特别注意它与露酒的区别。果酒是用果实发酵的一种压榨酒，而露酒是用食用酒精与糖、色素、香料、柠檬酸等调配而成的配制酒。果酒为低度酒，酒度在20°以下；露酒为中度酒，酒度在20°~30°。果酒具有果实原有的色泽，具有一定的果香以及发酵后的酒香，酒味醇和细腻，甜而不腻，而露酒则相对较差。

第三节 果酒的酿造工艺

一、发酵前的处理

预处理包括水果的选别、破碎、压榨、果汁的澄清等。

（一）破碎、除梗

破碎要求每粒种子破裂，但不能将种子和果梗破碎，否则种子内的油酯、糖苷类物质及果梗内的一些物质会使酿制的酒变苦。应立即将破碎后的果浆与果梗分离，防止果梗中的青草味和苦涩物质溶出。常用的破碎机有双辊压破机、鼓形刮板式破碎机、离心式破碎机、锤片式破碎机等。

（二）渣汁的分离

破碎后不需加压而自行流出的果汁叫自流汁，施加压力后流出的汁液叫压榨汁。自流汁的质量好，适宜于单独发酵制取优质酒。压榨分要两次进行，第一次为逐渐加压，尽可能压出果肉中的汁，但质量稍差，应分别进行酿造，也可与自流汁合并。将残渣疏松，加水或不加，进行第二次压榨，压榨汁杂味重，质量低，宜作蒸馏酒或其他用途。一般的设备为连续螺旋压榨机。

（三）果汁的澄清

在发酵过程中，压榨汁中的一些不溶性物质会发生反应产生不良效果，给酒带来杂味，所以需要进行澄清。同时，用澄清果汁制取的果酒胶体稳定性高，对氧的作用不敏感，酒色淡，铁含量低，芳香稳定，酒质爽口。

（四）二氧化硫处理

在酿酒过程中，二氧化硫具有杀菌、澄清、抗氧化、增酸、使色素和单宁物质溶出、还原作用、使酒的风味变好等作用。常用的二氧化硫有二氧化硫气体和亚硫酸盐，前者可用管道直接通入，后者则需溶于水后加入。发酵基质中二氧化硫浓度应为60~100毫克/升。此外，还应考虑以下因素：当原料的含糖高时，与二氧化硫结合的机会就会增加，用量略增；原料含酸量高时，活性二氧化硫含量高，用量略减；温度高，易被结合且易挥发，用量应略减；微生物含量和活性越高、越杂，用量应越高；霉变严重，用量应增加。

二、果汁的调整

（一）糖的调整

酿造时若酒精含量为10%~12%的酒，果汁的糖度需17~20度。如果糖度达不到要求则应该加糖，在实际生产中常用蔗糖或浓缩汁。

（二）酸的调整

酸可抑制细菌的生长和繁殖，使发酵顺利进行；使红葡萄酒颜色鲜明；使酒味清爽，并具有柔软感；与醇生成酯，增加酒的芳香；增加酒的贮藏性和稳定性。一般应使pH值大于3.6，或者可滴定酸低于0.65%时应该对果汁加酸。

（三）酒精发酵

1. 酒母的制备

酒母即指扩大培养后加入发酵醪的酵母菌，生产上需经三次扩大后才能加入，分别称一级培养、二级培养、三级培养，最后用酒母桶培养。

（1）一级培养。

在生产前10天左右，选成熟无腐烂的水果，压榨取汁。装入洁净的、干热灭菌过的试管或三角瓶内。试管内装量为1/4，三角瓶则1/2。装好后在常压下沸水中杀菌1小时或58千帕的高压下放置30分钟。冷却后接入培养菌种，摇动果汁使之分散均匀。进行培养，发酵旺盛时即可用来进行下级培养。

（2）二级培养。

往洁净的、干热灭菌过的三角瓶内装入1/2果汁，装入上述培养液培养。

（3）三级培养。

选洁净的、消过毒的约10升的大玻璃瓶，首先装入发酵栓，后加果汁直至容积的70%左右。加热杀菌或用亚硫酸杀菌，用亚硫酸杀菌时每升果汁应含150毫克的二氧化硫，但需放置一天。瓶口用70%酒精进行消毒，接入二级菌种，量为2%左右，在保温箱内培养，繁殖旺盛后，供扩大用。

（4）酒母桶培养。

将酒母桶用二氧化硫消毒后，装入12～14白利（糖浓度单位）的果汁，在28℃～30℃的温度下培养1～2天即可作为生产酒母。培养后的酒母可直接加入发酵液中。

2. 发酵设备

对发酵设备的要求是应能控温，易于洗涤、排污，通风换气良好等。使用前进行清洗，用二氧化硫或甲醛熏蒸消毒处理。发酵容器要求不渗漏，能密闭，不与酒液起化学作用。有发酵桶、发酵池，也有专门用来发酵的设备，如旋转发酵罐、自动连续循环发酵罐等。

（四）果汁发酵

发酵分主（前）发酵和后发酵，主发酵时，将果汁倒入容器内，装入量为容器容积的4/5左右，然后加入3%～5%的酵母，搅和均匀，将温度控制在20℃～28℃，发酵时间随酵母的活性和发酵温度的变化而变化，一般约为3～12天。当残糖降为0.4%以下时主发酵结束，然后应进行后发酵，即将酒容器密闭，移至酒窖内，在12℃～28℃的温度下放置1个月左右。发酵结束后，进行澄清，澄清的方法和果汁相同。

（五）成品调配

果酒的调配主要有勾兑，调整。勾兑即原酒的选择及混合；调整即根据产品的质量标准对勾兑酒中的某些成分进行调整。勾兑，一般先选一种质量接近标准的原酒作基础原酒，据其特性选另外的一种或几种酒作勾兑酒，加入一定的比例后进行感官和化学分析，从而确定比例。调整，主要指调整酒精含量、糖、酸等指标。酒精含量的调整应采用同品种酒精含量高的酒进行调配，也可加蒸馏酒或酒精；甜酒若含糖量不足，用同品种的浓缩汁调整效果最好，也可用砂糖，视产品的要求而定；酸不足则加柠檬酸。

（六）过滤、杀菌、装瓶

过滤分为硅藻土过滤、薄板过滤、微孔薄膜过滤等。常采用玻璃瓶包装。装瓶时，空瓶用浓度为2%～4%的碱液在50℃以上的温度下浸泡，清洗干净，沥干水后进行杀菌。果酒可先经巴氏杀菌再进行装瓶，含酒精低的果酒，装瓶后还应进行杀菌。

（七）果酒的保存

桶装和坛装的果酒最容易出现干耗和渗漏现象，还易遭细菌的侵入，故应注意清洁卫生和封口牢固。温度保持在8℃～25℃之间，相对温度维持在75%～80%。不能与有异味的其他物品混杂放置。瓶酒不能受阳光直射，阳光会加速果酒的质量变化。

第四节 果品酿酒的实例精选

一、草莓果酒

（一）原料的选择和预处理

选择成熟、色泽鲜艳、无病和无霉烂的果实去掉杂质，并用清水冲洗干净表面的泥土和灰尘。

（二）操作要点

1. 破碎

采用破碎机将洗净的草莓破碎，并把果梗和萼片从果浆中挑拣出去。将果浆倒入发酵桶内，每 100 千克果浆加入 100 克浓度为 6% 的亚硫酸，以除去果实表面附着的微生物和空气中的杂菌。

2. 调糖

依照造出 1 度酒精需要 1.7 克糖的比例进行调糖，方可酿成 10 度以上的果酒。故预先要测定果浆的含糖量，不足时加入砂糖，使每 100 克果浆含糖 20 ~ 25 克，酵母菌生长繁殖的最适宜环境为每升果浆中含果酸 8 ~ 12 克，果酸不足时可加柠檬酸。

3. 发酵

把调好糖的果浆倒入容器中，温度维持在 25℃ ~ 28℃ 左右，1 ~ 2 天即开始发酵。经过 3 ~ 5 天后，当残糖浓度下降至 1% 时发酵结束，去掉果渣，将酒液装入另一容器内，置于温度为 12℃ 的环境中贮存。通过汽化的酶化使果酒成熟，成熟期需 1 年左右，期间需更换容器。

4. 澄清

澄清剂可选用浓度为0.04%的碳酸钙，先将琼脂浸泡3～5小时后加热融化，至温度为60℃～70℃时倒入酒中，搅拌均匀后过滤。

5. 调酸

主要是调节糖、酸和酒度。一般甜酒的含糖量应为12%～16%，含酸量为0.5%左右，酒精量12%～14%，不足时可加入砂糖、柠檬酸和脱臭等。

二、猕猴桃酒

（一）原料的选择和预处理

选择成熟度好的新鲜果，含糖量达7%以上，除去腐烂生霉的果实，水洗后沥干。将洗净的果实用破损机进行破损或用石磨磨碎成浆状物，要求破碎率达99%以上。

（二）操作要点

1. 主发酵

将果浆倒入发酵容器中，加入浓度为8%左右的糖水，同时加入浓度为5%的人工酵母液，搅拌均匀进行主发酵，温度最好保持在22℃～28℃，每日搅拌二次，时间5～6天。

2. 榨酒

主发酵后果浆中的残糖量降到1%时，进行压榨分离，用布袋将果浆过滤2～3次，再用压榨机榨出渣内所含的汁液，将淋酒和压榨酒分别贮存，进入后发酵阶段。

3. 后发酵

主发酵结束后酒度可达到10%左右，将原酒倒入缸内进行后发酵，温度控制在15℃～20℃，时间约1个月。然后进行分离，除去沉淀物。

4. 陈酿

将经过后发酵的原酒滤去沉淀，取清液进行陈酿，用精制酒精提高酒度达到16度左右，贮藏半年后沉淀，进行调配。

5. 调配

配成的成品酒中含酒精度为14%～16%，含糖分约为12%，含酸量应在0.5%以下。

三、柑橘酒

柑橘汁酿造的果酒具有独特的风味，深受大众的欢迎。其酿造方法与其他果酒的酿制原理相同。一般柑橘类果汁含酸量高，含糖量不够，酿制果酒是要充分考虑到这个问题，酸度过高有碍酵母菌的活动，糖分不够，则达不到要求的酒精标准。

（一）原料的选择和处理

选择已充分成熟的甜橙、蜜橘和红橘等柑橘类果实。一般在酿制之前用蔗糖或糖稀来补足所需要的糖量。柑橘类果实的外面都有一层厚厚的外皮，会给酒带来不良的风味。所以在榨汁之前应除去外皮，再进行搅烂压榨。如果以甜橙为原料，由于其皮肉紧密相连，不易剥离，可将果实横切对剖，再用旋转锥形榨汁机，逐个榨汁。将柑橘汁液加热至45℃时，加入0.3%的果胶酶制剂，搅拌均匀，并保持45℃的温度经5～6小时即得到透明澄清的果汁。

（二）操作要点

1. 果汁调整

要求果汁的含糖量达到22%左右，酸度为0.5%～0.6%。若不合标准可进行调整。

2. 陈酿

后发酵约1个月左右完毕，换桶，除去沉淀物，取其清液密封陈酿。也要经常检查，防止密封破坏或有漏酒现象，应及时处理。陈酿可提高酒的风味，时间没有限制，但是长期陈酿也不经济，可视情况而定。

3. 过滤

酿好的酒需要经过澄清，可用石棉或布袋进行过滤，获得透明的柑橘酒。

4. 装瓶

不可装得太满，否则在杀菌时会因受热膨胀而使瓶子破裂。杀菌装瓶密封后，在温度为70℃～72℃的温水中杀菌15～20分钟，包装即可。

四、酸枣酒

酸枣酒是选野生山枣为主要原料，经过筛选、清洗、脱核，采用半发酵工艺酿制而成的果酒。

（一）原料的选择

选择籽粒饱满，色泽纯正，果个均匀，无病虫害，无腐烂的新鲜果实。先将酸枣用深井水洗涤，把果皮表面的泥土、杂质及微生物清洗干净，以防止带入果液中，影响浸渍和发酵，造成酒液出现混浊现象。冲洗干净后，将枣倒入陶瓷罐或不锈钢容器中，再加入新鲜的深井水，使其充分吸水，使水面超过枣上面10厘米为宜。

（二）操作要点

1. 水化

山枣水化所需的时间与气温、水温有关，当气温低于10℃，水温低于15℃时，水化时间需要24小时；当气温10℃～20℃，水温16℃～20℃时，需16～18小时；当气温高于20℃，水温21℃～25℃时，约需12小时。

2. 脱核、粉碎

山枣经过水化处理以后，应立即进行脱核粉碎。鲜枣的脱核时间约为 1 小时，干枣水化后为 1.5 小时，使果肉完全从果核上脱掉。用筛子将除核后的果核与果肉醪液分离出来，将醪液倒入发酵罐中发酵。

（三）发酵工艺的五个要点

1. 将分离出来的果醪加上浓度为 5% 的糖浆，再加上 150～300ppm 的二氧化硫，三者混合均匀打入发酵罐，让其保持在 24℃ 自然发酵。

2. 糖浆的用量约为枣重量的 3 倍。

3. 发酵的温度应控制在 24℃～30℃，约 3～4 天即可结束发酵，如果发酵不旺盛，可以添加人工酵母促进发酵。

4. 发酵结束后，密封，静置，使其自然沉淀 7 天左右，然后分离，再压榨，清酒液分离出来，打入贮藏罐，即成山枣原酒。

5. 在果醪加入糖浆、二氧化硫，按照上述条件进行发酵，经沉淀、分离即可制得合格原酒。然后将原酒化验后，用脱臭酒精调整为 18 度，进行陈酿。

（四）浸渍的六个要点

1. 粉碎后的枣浆应把果核分离出来，可以直接加入 25 度的脱臭酒精溶液，浸渍。

2. 酒精的用量为山枣的 3～4 倍。

3. 浸渍时间依据季节的气温来确定，通常为 15～25 天，中间搅拌 2 次以上。浸渍的时间要严格加以控制，达到最佳浸出效果。中间搅拌隔 4～5 天，入罐后，前几天即可进行搅拌，后一段时间则不需搅拌，使其充分沉淀，便于分离。

4. 浸渍结束后，要认真检查是否浸好，浸渍的好与坏以看枣渣中有无突出的枣味为准，如果浸好了，即可以进行分离操作，将上清酒液和榨出汁打入贮藏中，进行混合陈酿。

5. 装缸时，预留 5% 的空间即可，防止氧化作用。

6. 贮藏室的温度应控制在12℃～18℃。

（五）制品的特点

酸枣酒酸甜适口，醇厚柔协，余味绵长，无异味，具有山枣蜜酒的典型风格。

五、沙棘酒

沙棘酒即采用野生沙棘果为原料，经发酵或半发酵法酿制而成的一种低度果酒。

（一）原料的选择和预处理

选用完全成熟的果实，沙棘果采摘分选时间在12月至次年1月为最佳，不宜堆放太厚，预防果实发生霉烂。

（二）工艺流程

选料→破碎→沙棘果浆（加二氧化硫）→主发酵（加糖水和人工培养酵母）→压榨→皮渣（蒸馏白兰地后，贮存备调配时使用）→后发酵（压榨汁）→调正成分→换池（桶）→原酒→陈酿（换池分离时的酒脚进行蒸馏与皮渣白兰地混合贮存备用）→调配→澄清处理→过滤→包装。

（三）操作要点

采用发酵专用的酵母菌种，培养过程为：一代1450号原菌管（琼脂培养基）→二代50毫升液体试管（沙棘汁培养基）→三代500毫升液体烧瓶（沙棘汁培养基）→四代1000毫升大烧瓶（沙棘汁培养基）→卡氏罐（沙棘汁培养基）→大缸（沙棘汁培养基）→接入发酵池。

1. 破碎

采用破碎机将沙棘果破碎，注意种子不要破碎，否则会影响沙棘汁质量，将自流汁和压榨汁分开入池，入池量为容器的

80%，然后一次性加入50毫克/升的二氧化硫。

2. 主发酵

当入池的数量达到要求后，应加入人工酵母，将其搅拌均匀，发酵温度应控制在18℃～23℃，发酵过程中若糖度低，可加入浓度为10%的糖液，加入糖液有利于发酵，提高果汁糖度后，主发酵14天。

3. 后发酵

将主发酵的原酒分离后倒入池内，容量为容器的90%进行发酵，将温度控制在23℃左右，然后换池，将容器装满。为防止酿制过程中发生氧化，将池口封好，转入陈酿阶段，时间半年至1年以上。

4. 澄清

经试验确定下胶量为0.015%左右，加入80毫克/升的二氧化硫，在冬季低温下自然冷冻5～7天后进行澄清，澄清后即为沙棘原酒。

5. 调配

首先用泵将澄清的沙棘原酒上层酒抽到其他容器里（因上层沙棘原酒含有沙棘油，可用高速分离机提油或作酒脚蒸馏），然后，自上而下逐层进行调配。调配好的半成品酒要进行理化指标检测，如果合格，再经硅藻土过滤机串棉饼进行过滤。过滤以后的沙棘酒，酒质清亮透明，酒体协调稳定。

6. 贮存

检验合格后即可装瓶，贴商标，包装，装箱，成品入库。

（四）制品的特点

沙棘酒金黄色，甘润醇厚，酸甜爽口，具有独特的典型沙棘果酒风格。

六、野刺梅酒

野刺梅酒是选用野生刺梅果为主要原料，经破碎，加入人工培养酵母，发酵、分离、陈酿等制成的一种果酒。

（一）原料的选择和预处理

选择成熟度高，无虫害，无腐烂，无杂物的果实。将野刺梅果经过分选、破碎后，果浆倒入池内加入适量的二氧化硫进行杀菌。

（二）操作要点

1. 前发酵

加入5%～10%的人工培养酵母，进行前发酵，发酵温度控制在22℃～28℃，发酵时间2～3天。

2. 主发酵

前发酵完毕，立即分离，进行主发酵，温度控制在22℃～25℃之间，发酵时间7～8天。

3. 后发酵

主发酵完成后，进行后发酵，温度保持在25℃以下，发酵全部完成之后贮存陈酵1年以上，再按标准要求，酿制成刺梅果酒。

将配成的果酒贮存3个月左右，采用明胶澄清法，然后进行硅藻土过滤。将过滤后的刺梅果酒，装瓶，在70℃的温度下进行灭菌，保持约15分钟，再冷却贴商标，包装，入库。

（三）制品的特点

野刺梅酒呈宝石红色，酒体谐调，醇厚丰满，爽口味长，具有野果酒独特典型的风格。

七、五味子酒

（一）操作要点

1. 由于五味子果含糖量低、含酸量高，所以采用加入白砂糖液稀释酸度的混合发酵方法。

2. 将自流汁酒度调至 13 度左右，冷冻，过滤。具体操作为：当果实破碎后，将自流果汁倒入干净的池中，由脱臭酒精将其调到 13 度进行后发酵，然后经过冷冻，过滤处理。一般自流汁的量约占总发酵原酒的 11%。

3. 前发酵的温度应控制在 20℃左右，一般发酵时间为 4 天之内，每天倒一次汁。采用这种发酵方法时间短。温度低的酿造方法，不但能使原酒果香突出，还可以减少原酒中甲醇的含量。

4. 一次前发酵汁的质量要求为：酒度在 3.5 度（容积%）以上，总酸量为 1.1～1.9，挥发酸在 0.05 以下。二次前发酵汁的质量要求为：酒度仍在 3.5 度（容积%）以上，总酸量为 1.1～1.6，挥发酸在 0.05 以下。

5. 一二次前发酵汁中加入白砂糖液，进入发酵阶段，温度应控制在 18℃～22℃，缓慢发酵，时间 25 天左右。

6. 后发酵的果汁质量要求，酒液呈宝石红色，酒度在 11～18度（容积%），总酸量为 0.9%～1.8%，挥发酸在 0.08 以下，单宁在 0.07% 以下，残糖在 0.5 以下。

7. 发酵结束后的原酒，必须使用专桶贮存。在冷冻之前分离一次，冷冻温度应控制在原酒冰点 1℃以上，放置半个月。然后，在低温下进行过滤，贮存温度应控制在 10℃左右。

8. 二次发酵结束，立即进行分离。往分离后的果渣中，加入一定量的糖，进行发酵，3～4 天发酵结束，此汁称为三次汁。果渣压渣汁称三次压榨汁，然后将两种汁混合加糖继续发酵，当酒度达到 7～8 度后，贮藏 1 周左右，蒸馏，即制成五味子果白兰地酒，密封陈酿半年以上即可使用。

在调配之前，首先将发酵原酒与自流汁按 9:1 的比例进行配料，原酒的酒龄在 1 年以下时先做稳定性观察试验后，方可调配成品酒。

（二）制品的特点

五味子果酒呈浅宝石红色，清亮透明，酸甜适口，滋味浓郁，酒体丰满，具有五味子果酒典型风格。

八、越桔酒

越桔酒是采用大兴安岭地区特有的野生浆果越桔为原料，加入人工培养酵母，进行发酵、分离、陈酿、精制等而制成的果酒。

（一）操作要点：

原料入厂后，及时加工处理，不能超过3天，不能及时加工的原料，应存放在低温室内或凉棚内，以免雨淋或日晒。原料运输时，采用25千克容量的塑料桶，使用前洗刷干净才能使用。

1. 果浆入池时，要求二次分装，当装一半时，引入10%的人工培养酵母。

2. 在发酵时，加入糖水（按原料1:1的比例配制而成），和浓度为0.02%的二氧化碳杀菌抗氧剂，以及加入浓度为0.02%的磷酸氢二胺营养剂，3天后进行分离。

3. 发酵时，品温应控制在20℃～25℃，发酵时间在6～10天。

4. 后发酵时，品温应控制在20℃～25℃，发酵时间为30～35天，期间按5%补加白糖，进行后发酵，每48小时检查一次。

5. 后发酵结束后应达到的质量：酒精10%，残糖0.5%，挥发酸在0.08%以下，总酸量为1%～2.5%，单宁0.02%～0.17%。

（二）制品的特点

越桔酒呈宝石红色，酸甜适口，滋味醇厚，余味绵长，具有天然野生果实酒的风味。

九、山葡萄酒

由于山葡萄皮的色素及单宁含量较高，与醪液接触时间太长，会使酒色泽太深，涩味过重。故通常发酵分三个阶段进行。另外，因山葡萄汁的含糖量较低，发酵时必须加糖和脱臭酒精，一般分两次进行加糖。

操作要点：

（一）山葡萄的分选、破碎

把山葡萄分成一、二等。二等品用于酿制散酒或白兰地。应保证破碎机两辊间的距离不能过大或过小，以5~6毫米为宜。

（二）葡萄浆的改良

加糖至糖度为11%~12%。原酒酒度高些有利于酒石酸盐析出，提高其稳定性。对于腐烂果不加糖最好，需要缩短发酵时间。当葡萄汁的总酸量在3%以上时，可加糖水。

（三）加脱臭酒精

通常应将葡萄浆的酒度调整到4~5度。加酒精的葡萄浆，发酵后，原酒味正爽口香浓，而不加酒精只加砂糖的发酵原酒，味正浓厚，但缺少香气，有粗糙感，纯原汁自然发酵的酒，风味都不及前两者优良。

（四）带皮发酵

在已调整成分的果浆中，加入8%的酒母。发酵温度应低于25℃，发酵时间依据酵母强弱及糖度高低来定，一般为3~4天。

（五）一次汁发酵

将发酵后分离所得的一次汁，按发酵后酒度达15~16度加砂糖，分两次加，第一次加所需砂糖量的1/2~3/4。在

20℃～25℃温度下，发酵3～4天，再加入其余的糖，继续发酵3～4天。在主发酵的6～8天内，每天捣汁1次，每次约30分钟。后发酵为密闭发酵，发酵期为20～30天左右。当残糖降至0.5%以下时，停留2～3天。换桶1次，即得1号原酒。

（六）葡萄渣二次发酵

往葡萄浆发酵后的渣内，加入糖水进行二次发酵，加糖水的量为渣量的1/3，将糖度调整为4%～5%，发酵2～3天。

二次汁发酵由葡萄渣二次发酵所得的二次汁，仍需加糖发酵，要求酒度达15度以上，得2号原酒。操作同1号原酒。

（七）葡萄渣三次发酵制白兰地

往经二次发酵的渣内，加量为渣量1/3的糖水调至糖度为5%，发酵后，酒度为4～5度左右。经过分离，加入脱臭酒精，使酒度达17%左右，贮存半年后蒸馏白兰地。

（八）废渣压榨与蒸馏

若二次汁发酵后作散葡萄酒用，则分离三次汁后的废渣约含18%～20%的汁，进行压榨，将压榨汁与二次汁发酵酒混合。可由压榨后的渣，蒸馏得到原白兰地。

（九）山葡萄酒贮存

贮存室室温控制在8℃～15℃。地下贮酒室要低于地面3.5～4米。若贮酒室单独存在，房顶保温层厚度必须超过2米以上，或在室内安装暖气片。在酒窖入口处设置有套间。窖内一般放两排桶，过道约为2米，桶间距为0.3米左右。天棚与顶棚的距离控制在1米以上。窖内安装有风机来排除二氧化碳。贮存期为2年以上。第一年换一次桶，第二年换两次桶，头两次换桶可接触空气。2年以上的原酒，每年换1次桶，换桶前，空桶用硫磺熏。在输酒的胶管头上，安一个有孔的挡板。在配制酒前、后各过滤1次。成品酒的杀菌温度为65℃以上，持续15～20分钟。

十、黑加仑酒

黑加仑酒是选用东北地区的特产，优质黑豆为原料，采用发酵、浸泡，陈酿，调配而成的一种风格独特的野生果酒。

操作要点：

原料进厂以后进行分选，清除夹杂物、腐烂果、青粒果等，然后破碎。每100升果浆，加入亚硫酸（按果浆量含0.01%二氧化硫计算），白砂糖（按果实含糖量和初发酵要求酒度计算加糖量），以及脱臭酒精等（按果浆体积含4%计算）。然后，搅拌均匀，进入发酵阶段。

1. 一次汁初发酵，加入10%的人工培养酵母进行发酵，发酵过程中，每天打耙式倒汁1～2次左右，每次约30分钟，发酵品温控制在25℃～28℃，最高不超过30℃，发酵时间3～4天，当发酵酒度达8%～10%时，残糖4%～5%时，进行第一次发酵分离。

2. 将分离出来的一次汁，按最终生成15度（体积%）酒计算来补糖量，要求用汁化糖，边加糖边搅拌。中发酵温度控制在24℃～26℃，发酵时间为4～7天，当酒度达到14度（体积%），残糖量为1%时，用酒泵输送到地下室专桶（池）进行后发酵。

3. 二次初发酵（也就是二次原酒发酵），将一次发酵分离出的果渣，加入30%的水，补充糖进行二次初发酵，发酵品温控制在25℃～28℃，发酵时间36～48小时，当酒度达到6%～7%（体积），残糖3%～4%时，进行二次分离。

4. 二次汁中发酵，将分离出的二次汁按最终要求的12%酒度进行补糖，进行中发酵，发酵时间、品温与一次汁中发酵基本相同。当酒度达到11%，残糖在1%以下时，送入地下室进行后发酵陈酿。

5. 一般原酒贮存期间要求陈酿 3 年，但由于黑豆原酒含总酸较高，成熟比较慢，所以一般贮存时间应长些，4 ~ 5 年为最佳的原酒，酒香浓郁。

6. 用脱臭酒精浸泡黑豆，原酒色泽深艳，果香浓郁，贮存，备用。

7. 将发酵原酒和浸泡原酒按 3∶1 的比例进行调配，即制成为黑加仑子果酒。

8. 黑加仑子果酒果香和酒香谐调，有明显的黑豆果香，酒味纯净，酸甜适口，后味绵长，具有黑加仑子酒的典型风格。

第八章
果品罐藏技术

第一节 走近水果罐头名企

广西万利来工贸有限责任公司是以制造南方水果罐头为主的企业，主打产品有菠萝、荔枝、龙眼、杂果、椰果、杨梅、橘子、葡萄、红毛丹、红心李、珍宝、黄桃等果品罐头和果汁类饮料等100多个规格型号的产品，内销网络遍布全国20多个省、市、自治区，同时产品出口欧洲、中东、港澳等国家和地区。

广西万利来工贸有限责任公司经过10多年的努力发展，目前已成为在国内罐藏食品行业中居于领先地位的农产品加工企业之一。该公司占地面积100多亩，总资产6000多万元，年产水果罐头能力近2万吨。

知己知彼，方能决胜于千里之外；运筹帷幄，未雨绸缪者方显英雄本色，广西万利来工贸有限责任公司董事长周剑涛在这点上显示出了作为一个公司领导人特有的卓越领导能力、观察力和决策力。经过十几年的快速发展，周剑涛所领导的公司已成为我国水果罐头行业的新贵企业。公司与当地的一些果农共建菠萝、荔枝、龙眼、木瓜等原料生产基地，主张“公司+

基地+农户”的农业产业化发展模式。近几年来，该公司先后被广西省南宁市委、市人民政府授予“农业产业化龙头企业”、“十佳农产品加工大户（企业）”等等。该公司生产的万利来罐头系列产品被广西自治区质量技术监督局评为“广西优质产品”，被广西壮族自治区工商局评为“广西著名商标”等。这家年轻的生产出口罐头的企业从起步起就对罐头的卫生质量要求很高，严格控制鲜果来源、生产环境、技术标准、管理体系等。近年来更是引进了世界上先进的罐头生产线，对产品的质量有了更加完善的保障。

在国内市场上，水果罐头是最受消费者欢迎的品种。广西万利来工贸有限责任公司等一些优秀企业，以优质产品和优秀品牌形象为树立水果罐头的良好声誉起到了积极的带头作用。

随着水果罐头市场的逐渐扩大，广西万利来工贸有限责任公司坚持以市场为导向，本着“诚信、敬业、高效、创新”的经营理念，以向顾客提供“安全、营养、天然”的罐藏食品为己任，将提高产品品质风味作为最终的追求目标，选用优质原料和提高教工技术来加工生产消费者喜欢的产品。食品安全和产品质量是企业的生存线和生命线，广西万利来工贸有限责任公司严控食品质量，力求创造品牌。在食品生产经营的过程中，率先先后通过了ISO9001:2000国际质量管理体系标准认证、HACCP食品安全管理体系认证及国家QS市场准入认证，为水果罐头行业的持续稳定发展交出了一份令人满意的答卷。

广西万利来工贸有限责任公司坚持走多元化的经营道路，抓住机遇、迎接挑战，创一流管理、树一流品牌，广纳贤才，在发展中不断攀登新的台阶。

第二节 果品罐藏的工艺

生产水果罐头的工艺，主要包括原料的预处理、装罐、排气和密封、杀菌和冷却等。各工序依产品的具体要求而有所不同。

一、果品原料的处理

（一）原料的分选与洗涤

分选的目的在于剔除成熟度不合适的、腐烂霉变的原料，并依据原料的大小和质量（色泽、成熟度等）进行分级。将原料进行合理分级后以便于后面的加工操作，提高劳动生产率，降低原料消耗，更重要的是可以保证和提高产品的质量。原料洗涤的目的是可以除去果品表面附着的尘土、泥沙、部分微生物以及残留的化学药品等。凡喷洒过农药的果品，应先用稀盐酸浸泡一段时间后，再用清水清洗干净。

（二）原料的去皮及修整

有些果品表皮粗厚、坚硬，具有不良风味，或者某些在加工中容易引起不良后果的果品，都需要去皮、去皮的方法有手工去皮、机械去皮、热力去皮和化学去皮等。而有些果品原料并不需去皮，只需去蒂柄或进行适当的修整处理即可。

（三）原料的热烫与漂洗

热烫即将果品放入沸水或蒸汽中进行短时间的加热处理，目的主要是为了破坏酶的活性，稳定色泽，改善风味，软化组织，便于装罐，脱除水分，保持开罐时固形物稳定，杀死部分附着于原料表面的微生物，并对原料起一定的洗涤作用。热处理后，应立即进行冷却，以保持其脆嫩性。通常采用流动水进行漂洗冷却。

（四）原料的抽空处理

果品内部均含有一定量的空气，如草霉中含空气33%～113%、苹果12%～29.7%等。水果组织中含有空气，不利于罐头加工。因此，对于一些含空气较多或易变色的水果，如苹果、梨等，在装罐前通常采用减压抽空处理，即采用真空泵等机械设备造成真空状态，使水果中的空气释放出来，以糖水填充其空间。

二、装罐

按产品的标准要求，剔除变色、腐烂、斑点和病虫害等不合格的果实，并按大小、成熟度进行分级装罐。

三、排气和密封

糖水水果罐头在装罐加糖液后，需经排气处理，然后迅速密封。一般采用加热排气法，排气箱温度控制在82℃～96℃，时间为7～20分钟，以密封前罐的中心温度达到75℃～80℃作为标准。有时也可采用真空封罐机抽气密封。

四、杀菌和冷却

水果罐头属酸性食品，其pH值一般在45以下，因此都采用沸水或沸点以下温度的热水进行杀菌。罐头杀菌结束后，必须迅速用冷水进行冷却，以防止罐头继续受热，影响其质量。

第三节 罐藏制品常见的质量问题及解决措施

一、胀罐

胀罐即罐头底盖发生的不正常外凸现象。引起胀罐的原因很多，可总结为以下几类。

（一）物理性胀罐

主要是由于装量过多，排气不足，杀菌后降压过快，气温气压变化等影响罐内的真空度所致，通常称为假胀，罐头仍可食用。在装罐时不要装得过多在一定程度上就可避免物理性胀罐。

（二）化学性胀罐

是由于水果组织中的有机酸与马口铁罐发生化学反应，使罐壁受到腐蚀，产生了氢气，内压增高而产生的胀罐，又称氢胀。防止措施为，对于含酸量高的果品原料采用抗酸涂料的铁罐装罐，将成品贮存在温度较低的环境中保藏。

（三）细菌性胀罐

罐头的内容物因腐败微生物作用而导致败坏，产生二氧化碳、氨等有害气体，造成鼓胀现象。原因是密封不严，杀菌不足，被少量微生物污染等。防止措施为注意封罐、杀菌、冷却等操作，并严格保证生产环境的卫生。

二、罐头变色

许多水果类罐头在加工过程或在贮藏期间，常会发生变色质量问题。造成罐头变色的原因很多，归纳起来主要有两方面：一是受金属离子的影响，二是受果品色素的改变。防止措施主要为加强果品原料的处理工作，采用各种护色液护色；利用柠檬酸防止食品变色；柠檬酸、苹果酸等有机酸能降低罐头内容物的 pH 值，从而也能降低变色的速度。例如，将桃、梨等去皮后迅速浸泡在适宜浓度的柠檬酸中，可以降低 pH 值，抑制变色。选用不锈钢器具，避免用铁质、铜质等器具；注意生产用水的水质；用良好的马口铁，适当选用抗酸和抗硫的涂料铁；选用成熟度高的原料加工，如梨、苹果、荔枝、香蕉等原料成熟度越低，其变色越严重。缩短加工流程，降低加工过程中的受热温度和减少加工时间（包括杀菌）。杀菌和冷却要快，最好采用连续转动杀菌和冷却机；控制仓库贮藏三维温度，温度越低，变色越慢。

三、酸败

大多数是由于微生物的作用引起的，酸败不会出现罐胀现象，但内容物会发酵。防止措施为注意原料的处理及要进行彻底的杀菌。

四、出汗

原因是罐头入库时，罐体的温度过低，而冷库的温度过高，温差大于 10℃以上，热空气就会在罐外壁上冷凝出现水珠，时间长了就会使罐头外壁生锈。防止措施主要为尽量保证冷库温度稳定，库内空气相对湿度一般保持在 75% ~90% 为宜。

五、罐头内壁腐蚀和变色

主要原因是由于食品原辅料中的腐蚀成分及加工工艺和贮藏条件等。防止措施为选用高质量的马口铁罐；加工中尽量洗净原料上的残留农药；对于含氧气多的果品在装罐前用盐水或糖水抽空，排出果品组织中的空气；杀菌程度要适当，冷却要迅速；控制好生产用水中的硝酸根、亚硝酸根、铜离子的含量；以及适当地降低贮藏室的温度。

第四节 果品罐藏的实例精选

一、糖水苹果罐头

（一）原料的选择

选择多汁、果肉组织致密、石细胞少、风味正常、成熟度在八成以上的新鲜果实。挑拣出有病虫害、机械损伤和霉烂的果实。将苹果按横径的大小分为三级：60～67 毫米、67～75 毫米、75 毫米以上。

采用手工或机械去皮法，将苹果去皮后立即浸入盐水中浸泡数分钟。用不锈钢水果刀纵切对半，大形的果实可切四块，切面要光滑。用刀挖去果心、果柄和花萼等，去除残留的果皮。将切好的果块立即浸入浓度为 1%～2% 的盐水中护色。

（二）操作要点

1. 烫煮

将果块倒入温度为 80℃～100℃ 的水中烫煮 10 分钟左右，取出，去杂碎，沥干水分。

2. 装罐、加糖水

趁热将果块装入已消毒过的玻璃罐中，300 克的果块约需 200 克糖水。糖水配制方法为：75 千克水加 25 千克砂糖，再加 150 克柠檬酸，升温加热溶化后用纱布过滤。装罐时糖水温度要控制在80℃以上。

3. 封罐

趁热封罐密封，罐盖与胶圈要提前消毒。

4. 杀菌、冷却

封罐后立即将罐头投入沸水浴中杀菌15～20分钟，然后分段冷却。

二、糖水梨

（一）原料的选择和预处理

选择新鲜饱满、成熟度为七至八成、肉质细、石细胞少、风味正常、无霉烂、冻伤、病虫害和机械伤的果实。用清水洗净果实表面的污物，摘除果柄，用机械或手工法去皮。用不锈钢水果刀纵切成两半，挖除果心及萼筒。将其放入浓度为0.1%的盐酸液中浸约5分钟，除去表面蜡质及农药，再用清水冲洗干净。

（二）工艺流程

选料──→清洗──→去果柄、去皮──→切分去果心──→修整──→护色──→预煮──→分选──→装罐──→加热排气──→封罐──→杀菌、冷却。

（三）操作要点

1. 修整、护色

除去机械伤、虫害斑点及残留果皮等，然后投入浓度为1%～2%食盐水中浸泡护色，再用清水洗涤两次。

2. 预煮

往清水中添加浓度为0.1%～0.2%的柠檬酸，加热煮沸后投料，煮制约5～10分钟，以煮透不烂为度。

3. 装罐

将果块装入消毒过的玻璃罐内，290克果块加注220克糖水。

4. 加热排气

装好罐后立即送入排气箱加热排气，罐中心温度控制在80℃以上。

5. 封罐

放正罐盖，在封罐机上进行封罐，尽量不漏气。

6. 杀菌、冷却

将罐头在沸水中煮15~20分钟，然后分段冷却至38℃。

7. 擦罐、入库

擦干罐头表面的水分，在常温库房中贮存一星期左右。

三、糖水苹果梨

（一）原料的选择和预处理

选择完全成熟、无病疤、无虫蛀、无腐败、无变质的果实，果实直径不小于50毫米。原料在采摘、运输、装卸过程中均要轻拿轻放，避免机械损伤，防止果实受伤而被污染。原料进厂后应贮存在通风、低温的库中。

1. 清洗

将原料经输送带送入车间，用清水除去附着在表面的泥沙及杂物。清洗用水要保持清洁不混浊，流动水最佳。

2. 去皮

采用化学去皮法：（1）配制去皮液：称取容积为水容积的10%的火碱（NaOH）配制化学去皮剂，加入水中搅拌充分溶解。（2）往夹层锅内倒入容积为水容积的70%的化学去皮溶液，拧开蒸汽阀将温度控制在70℃~80℃，夹层锅蒸汽的工作压力不超过2千克/厘米^2。（3）将原料倒入夹层锅内，使果实全部淹没，温度保持在70℃~80℃，浸泡时间为5~8分钟，用工具检验果实表皮是否腐蚀，如果腐烂即用大笊篱捞出。（4）将表皮腐蚀了的果实捞出放在活动筛内，接通喷淋水龙头喷水，同时摇动活动筛喷淋去皮。

3. 漂洗

经化学去皮后的果实表面上还残留有余碱，应立即用酸溶液进行中和漂洗。一般采用酸浓度0.05%的柠檬酸。

4. 切分、去籽巢

见漂洗后的果实切分，纵切2~4瓣，具体可根据果实的大小来确定，以果块大小均匀一致为佳。将切分后的果瓣采用剜果核刀去掉籽巢。剜果核刀一般为不锈钢制成，刀宽约10毫米、厚约0.5~1毫米、长约40毫米、呈40度弧形，末端安装一根长约100毫米的木把。

（二）工艺流程

选料⟶清洗⟶去皮⟶切分去籽巢⟶护色⟶排气⟶装罐⟶灌糖液⟶封罐⟶灭菌⟶保温⟶成品。

（三）操作要点

1. 护色

将修整成形的果瓣迅速放入护色液中进行护色。护色液为浓度为0.05%的焦亚硫酸钠水溶液，其既能漂白护色，又能够抑制微生物的污染。

2. 排气

（1）往真空预抽罐内灌入水，添加浓度为0.05%的焦亚硫酸钠。将焦亚硫酸钠先用少许热水溶解，再加入真空桶内，搅拌混合均匀。（2）将原料置入真空预抽罐内，使其全部淹没，上面压上耐腐蚀、无污染的箅子，以防止果实上浮裸露，影响排气效果。（3）密封真空预抽罐，打开真空气阀，开启真空机，如果使用的是水环式真空泵，还应接通水源。真空度要求达到600毫米汞柱以上，真空时间约20分钟。（4）真空排气时间结束后应首先关闭气阀再停机，然后捞出原料，用温水（温度为

50℃～60℃）漂洗，即可装罐。

3. 装罐

装罐时采用的是500毫升玻璃罐，需装罐的梨片的大小应均匀一致，装罐量为净重（510克以上）的50%以上，即每罐的固形物应高于255克。

4. 灌糖液

糖水的浓度为12%～16%之间，糖液温度约为50℃，要灌满，顶隙度约为10毫米，迅速盖上罐盖。由于“糖水苹果梨”罐头的标准规定其滋味应酸甜适口，因此，在配制糖液时，还应配入适量的柠檬酸，将pH值控制在3.7～4.2之间，加酸量一般为糖液的0.2%。

5. 封罐

采用真空封罐机封罐，开启真空泵，接通水源，待真空度达到600毫米汞柱以上，并稳定后，开启真空封罐机进行工作。

6. 灭菌

在不超过15分钟内将温度升至100℃，维持100℃的恒温约20分钟，再冷却降温至40℃，约需15分钟。

7. 保温

当保温库的恒温≥20℃时，时间约为7昼夜；当夏天气温达到25℃以上时，时间则为5昼夜。

8. 检验、包装

产品经检验合格后，包装。

四、糖水黄桃

（一）原料的选择和预处理

选择含不溶质性物质的韧肉型品种，果形大，肉质厚，组织细致，果肉橙黄色，汁液清，加工性能良好。果实成熟至八成熟时采收。常用品种有“丰黄”、“连黄”及“日本罐桃”2号、5号等。剔除机械损伤的、腐烂的和残次的果实等。用流动清水将黄桃冲洗干净，洗净表皮的污物。

1. 去皮

配制浓度为4%～8%的氢氧化钠溶液，加热至90℃～95℃，倒入黄桃，浸泡约30～60秒。将经浸碱处理后的黄桃用清水冲洗，反复搓擦直至表皮脱落，再将黄桃倒入0.3%的盐酸液中，中和2～3分钟。

2. 切半

沿缝合线用刀对切。

3. 挖核

用挖核刀挖去果核，防止挖破，保持核离处光滑。

（二）工艺流程

选料→清洗→去皮→切半→挖核→预煮→修整→装罐→排气→封罐→杀菌→冷却→保温。

（三）操作要点

1. 预煮

在温度为95℃～100℃的热水中预煮4～8分钟，煮透为止。然后捞出急速冷却。

2. 修整

用小刀削去果实的毛边和残留皮屑，挖去斑疤等。并选出果形完整、表面光滑、果肉呈金黄色或黄色的桃块，剔除不合格的果块。

3. 装罐

每罐装330克的果肉，注180克的糖水（每75千克水加20千克的砂糖和150克柠檬酸，煮后用绒布过滤，糖水温度不低于85℃）。将罐盖与胶圈放在100℃沸水中煮5分钟。

4. 排气

将罐头放入排气箱内排气，控制罐内中心温度在80℃以上。

5. 封罐

从排气箱中取出罐头后要立即密封，罐盖放正、压紧。

6. 杀菌

密封后及时杀菌，将500克玻璃罐放在沸水中煮约25分钟，360克装四旋瓶在沸水中煮约20分钟。

7. 冷却

将杀菌后的玻璃罐头用冷水分段冷却至35℃～40℃。

8. 擦罐、保温

擦去罐头表面附着的水分，放在20℃左右的仓库内贮存7天，即可进行检验。装箱出厂。

五、糖水杏子

（一）原料的选择和预处理

选择新鲜饱满、刚达完全成熟、芳香浓郁、粗纤维少和无畸形、无霉烂、无病虫害及机械伤的果实。要求果实的横径在35毫米以上，个别品种的果实在30毫米以上。

1. 清洗

用清水洗去果实表皮的泥沙等污物。再以浓度为0.35%盐酸洗涤果实外皮所带的残留农药，然后用清水彻底漂洗干净。

2. 切分、去核

沿缝合线将果实切成两半，挖除果核。

3. 修整

削去虫疤、黑点、毛边、机械伤口、果尖、果把、果核尖等，将果面和核窝修整光滑。

（二）工艺流程

选料──→清洗──→切分、去核──→修整──→预煮──→选别──→装罐──→加热排气──→封罐──→杀菌、冷却。

（三）操作要点

1. 预煮

将杏块倒入沸水中煮 5 ~ 8 分钟，以煮透而不软烂为宜。

2. 挑选

将果块按大小、色泽分开，去除过熟软烂果。

3. 装罐

330 克的杏块加 200 克糖水。先将果块装进经消毒的玻璃罐内，再加注适量的糖水。将罐盖及胶圈在沸水中煮约 5 分钟。

4. 加热排气

将玻璃罐放入排气箱内，通入蒸汽后，排气 7 ~ 15 分钟，罐中的温度应控制在 80℃ 以上。

5. 封罐

放正罐盖、压紧，不能漏气。

6. 杀菌、冷却

将罐头投入沸水中煮 8 ~ 18 分钟，然后进行分段冷却。

7. 入库

在库温为 20℃ 的仓库中贮存约 1 周，检验合格后即可出库。

六、糖水菠萝

（一）洗果

将果实用清水冲洗干净。

（二）分级、去皮和掏心

将果实按横径的大小分成五级，并切去果实两端，再按级去皮掏心。

（三）修整

用锋利的小刀将去皮去心后的果肉上的残留果皮削去，再修去果目。

（四）切片

切成厚度为 10 ~ 16 毫米的切片。

（五）切块

将片装不合格的片及断裂片，切成块状。有扇块、碎块两种。扇块是依据圆片的直径大小，将每片切成 4 ~ 8 等分的扇形块。碎块的形状不需要一样，但最长边不超过 38 毫米，最短边不少于 15 毫米。

（六）分选

扇块及碎块的边缘允许有雕目、修削、缺刻等，但应无果目、斑点、机械伤等缺点，色泽金黄，同一罐中的块形、大小、色泽应大致均匀。

（七）排气及密封

1. 排气密封

控制中心温度在 70℃ ~ 80℃。

2. 抽气密封

控制真空度为 320 ~ 350 毫米汞柱。

七、糖水猕猴桃

（一）原料的选择和预处理

选择成熟度为八至九成，品种以光皮绿肉的为好。剔除霉烂的、遭病虫害的、机械伤的果及畸形果，每只果径在 30 毫米以上。

1. 清洗

用清水洗净果实表面的泥砂和杂物。

2. 去皮

将浓度为20%的烧碱液加热至100℃，倒入洗净的果实，不断翻动，约2～3分钟后，待果皮变黑开裂时用铁丝笊篱捞出，摩擦去皮。

3. 漂洗

将去皮的果实用流动水漂洗，除去碱味。

4. 修整

用不锈钢小刀切除果实的两端，修去残余果皮和斑疤，并按色泽和大小分级。

（二）工艺流程

选料⟶清洗⟶去皮⟶漂洗⟶修整⟶热烫⟶糖水配制⟶装罐⟶加热排气⟶封罐⟶杀菌⟶冷却⟶入库。

（三）操作要点

1. 热烫

将果肉放在温度为100℃热水中烫漂2～3分钟后，立即进行冷却。

2. 糖水配制

配制的糖水浓度为35%。配制方法是，65千克清水加35千克砂糖，加热煮沸至溶化，用4层纱布过滤。将糖水温度控制在80℃以上。

3. 装罐

将果肉装入经消毒的玻璃罐中，每罐装果肉280克，糖水230克。罐盖与胶圈须提前用100℃的热水煮5分钟。

4. 加热排气

装罐后，放入排气箱内进行排气，温度为98℃～100℃，时间为9～12分钟。罐头中心的温度应达85℃以上。

5. 封罐

趁热压紧罐盖，不得漏气。

6. 杀菌

应在30分钟内杀菌，在沸水中煮10~20分钟。

7. 冷却

立即放入热水中，进行分段冷却至30℃~40℃。

8. 擦罐入库

擦干罐身及罐盖表面的水分，在20℃的仓库内贮存1星期，检验出库。

八、糖水桔片

（一）原料的选择和预处理

选择肉质致密、色泽鲜艳美观、香味浓郁、糖分含量高、糖酸适度、含橙皮苷低的果实。果实应呈扁圆形、无核、皮薄，橘瓣数要大小一致、无损伤等。适用于加工的品种有“温州密柑”、“本地早”和“红橘”等。

1. 分级

依据果实横径的大小进行分级，一级45~55毫米，二级55~65毫米，三级65~75毫米或75毫米以上。

2. 清洗

将分级后的果实倒入水槽中，洗净表面的尘污。

3. 热烫

一般采用热水浸烫，使外皮和肉团松离，易于剥皮。热水温度控制在95℃~100℃，浸烫时间为1分钟左右。如果水温较高，浸烫时间可短一些；如果热水温度较低，果大皮厚、成熟度低的果实应加长浸烫时间。

4. 剥皮

将经浸烫的橘果趁热剥皮，一般采用手工剥皮。橘皮可用来做橘皮酱。

5. 去络分瓣

将去皮后的橘果采用人工的方法去络，然后分瓣处理，并将橘瓣按规格分级。

（二）工艺流程

选料──→选果分级──→清洗──→热烫──→剥皮──→去络分瓣──→酸碱处理──→漂洗──→整理──→分选──→装罐──→真空封罐──→杀菌──→冷却──→擦罐──→入库。

（三）操作要点

1. 酸碱处理

将橘瓣投入浓度为 0.09% ~0.12% 的盐酸液中浸泡，温度控制在 20℃左右，浸泡约 20 分钟。取出后用清水漂洗后，投入浓度为 0.07% ~0.09% 的氢氧化钠碱液中浸泡，温度控制在 35℃ ~40℃，时间为 3 ~6 分钟。

2. 漂洗

将处理后的橘瓣立即放入流动清水中漂洗约 1 小时，除去表面的碱液，瓢囊壁的分解物、皮膜污物等。

3. 整理

用弯形剪刀剪去瓢囊的中心柱及部分瓢囊壁并去核。

分选：除去畸形瓣、软烂瓣和缺角瓣，片形整齐，同一罐中的片形大小和色泽应大致均匀。

4. 装罐

称取 290 ~300 克的橘瓣，装入经沸水消毒的 500 克玻璃罐中，加入约 220 克的浓度为 24% ~25% 糖液。糖液温度不低于 90℃，并用柠檬酸调节糖酸比，使成品 pH 值达到 3.7 以下。

5. 真空封罐

装罐后的罐头立即放置在真空封罐机上封口。

6. 杀菌

封罐后，在100℃的沸水中煮10分钟，然后保持恒温约5分钟。

7. 冷却

用热水迅速冷却至35℃以下。

8. 擦罐、入库、贴商标

擦干罐身表面的水分，在温度为20℃的库房中存放1周，经检验合格后，贴上商标，即可出厂。

（四）注意事项

1. 橘子罐头分为全去囊衣和半去囊衣两种。上述介绍的方法为半去囊衣的加工方法。

2. 若无真空封罐机，也可以放入排气箱中加热排气，在封罐机上进行封口。

3. 橘子酸碱处理时需用的酸碱液的浓度，应依据产品的种类、原料品种及处理温度的不同而异。

4. 对于含酸量较低的橘子在装罐时，糖液中应加入适量的柠檬酸，以调整罐头至适宜的含酸量。一般含酸量为0.3%～0.4%。

九、糖浆山楂罐头

糖浆山楂罐头是由山楂湿态蜜饯等制成的罐藏制品。经除核、软化、加糖煮制及糖渍等工序制成。

（一）原料的选择和预处理

挑选新鲜、红色或紫红色的山楂果，按果实直径2厘米，2.5厘米进行分级，剔除过熟、腐烂、黑斑及机械伤果。用除核刀将果核顶出，防止破裂。然后将其放入洗涤槽中，用流动清水进行充分洗涤，捞出沥干水分。

（二）工艺流程

选料──→挑选──→洗涤──→去核──→加热软化──→糖浸──→糖煮──→选择──→复浸──→加热──→装罐──→密封──→杀菌──→冷却。

（三）操作要点

1. 软化、糖浸

将去核的果实置于夹层锅中，在75℃的温度下软化3~5分钟，用手摸稍软时即可出锅。再在温度为70℃、浓度为60%的糖液中浸渍6小时，移入夹层锅。加入量为果重30%的砂糖，煮沸10~20分钟，捞出放入浓度为60%的冷糖液中浸渍约10小时，当可溶性固形物的浓度达到45%时，捞出果实，沥干糖液。

2. 挑选、复浸

将果实摆放在盘子中，剔除干瘪，破裂等不合格的果实，投入浓度为75%的冷糖液中复浸约10小时，使果内可溶性固形物达63%以上。

3. 装罐、密封

将果实置于夹层锅中，加热至微沸，当可溶性固形物的含量为65%以上时捞出。按果径2厘米、2.5厘米分别趁热装罐，加注浓度为70%的糖液，顶隙为6~8毫米，然后用真空封罐机迅速封口。

4. 杀菌、冷却

将装好的罐头立即放入杀菌釜中进行杀菌处理，而后分段冷却至40℃左右即可。

5. 保温、检验

将罐头置于37℃左右的保温库中保温5~7天，进行检验，剔除不合格品，装箱入库。

十、草莓罐头

原料的选择和预处理

选择果实完整、粒大色红、新鲜味正、八成熟的果实。

用清水将草莓清洗干净，放入沸水中浸烫至果肉软而不烂，捞出，沥干水分，趁热将枣果装入消过毒的瓶罐内。500 克的瓶子装 300 克的枣果，加入温度为 60℃ 的填充液（用 75 千克水、25 千克白糖、200 克柠檬酸配制，经煮沸过滤后的填充液）200 克，距瓶口留 10 毫米左右的空隙。装瓶后趁热放入排气箱内进行排气，提前将瓶盖和密封胶圈煮沸约 5 分钟，封瓶后在沸水中煮 10 分钟左右进行杀菌，取出后擦干瓶子表面的水分，在 20℃ 的库房内贮存 7 天后即可。

十一、糖水李子罐头

（一）原料的选择和预处理

选择新鲜饱满、个大肉厚、无病虫害、无腐烂、无损伤的果实，果实横径应在 30 毫米以上。按李子大小、色泽和成熟度将其进行分级，再用清水冲洗干净。配制浓度为 10% 的氢氧化钠溶液加热至温度为 95℃ ~100℃，倒入洗净的李子，浸泡 1 ~1.5 分钟烫皮，捞出后迅速去皮。可采用去皮机或手工搓洗去皮。同时用流动的清水反复冲洗，除去残余的碱液。将去皮的李子用浓度为 1% 的食盐水护色，并挖去蒂柄，削去残皮。

（二）工艺流程

选料——→预处理——→预煮——→装罐——→排气密封——→杀菌冷却。

（三）操作要点

1. 预煮

将果实倒入沸水中煮制10分钟左右，当煮软不烂即可。

2. 装罐

将李子按大小、色泽分别进行装罐。先用开水配制浓度为25%的糖水，加入浓度为0.025%～0.03%的抗坏血酸，以护色保鲜。装罐的糖水必须将果肉全部淹没，否则露出液面的果肉容易变色。净重425克的罐型装245克的果肉、180克糖水；500克玻璃瓶装310克的果肉、190克糖水。

3. 排气密封

要求热排密封，温度控制在90℃左右，时间为12分钟。封罐时罐的中心温度应在75℃以上。抽空密封，其真空度控制在53.3～66.6千帕之间。

4. 杀菌冷却

杀菌然后分段冷却至38℃。

（四）注意事项

1. 为了保证质量，李子在加工过程中，从去皮到封罐一般不应超过1.5小时。

2. 成熟度不同的李子要分锅去皮，以保证去皮效果。

3. 去皮后粘附在果肉上的残碱如清水冲洗不净，可用0.4%的盐酸浸泡5分钟，以中和残碱，然后再用清水漂洗干净。

十二、糖水樱桃罐头

（一）选果

用来加工罐头的樱桃，应选择新鲜良好、成熟适度，无萎缩、无破裂、无虫眼、无霉烂和机械损伤的果实，单果重应在2克以上，通常采用西洋甜樱桃和酸樱桃。中国樱桃各主要产区盛产的果形较大的品种也可用来加工成罐头。

（二）分级、除梗

由于樱桃种类以及不同品种之间果形的大小、色泽和肉质等均有较大的差异，所以不同种类和品种应进行分级，从而分批加工，同一批中亦应按果形大小分2~3级。分级前先将果梗摘去，便于机械分级，国外生产规模较大的加工厂有专用的除梗设备。

（三）脱色、硬化

将除梗分级后的樱桃，用清水清洗干净后投入浓度为0.03%的氯化钙和浓度为6%的亚硫酸氢钠或亚硫酸氢钾溶液中浸泡约24小时，褪去樱桃原有的果色并增大果肉的硬度。或者放置在浓度为1.5%的明矾液中，浸泡24小时左右进行硬化。

（四）预煮

将褪色和硬化后的樱桃捞出，用清水漂洗后沥去水分。往蒸汽夹层锅中加入浓度为0.03%的柠檬酸溶液加热至100℃，将樱桃投入热烫2分钟左右，再捞出，倒入流动的冷水中漂洗冷却。

（五）染色

樱桃含有的天然色素在加工中极不稳定，为使产品色泽美观一致，需将原色褪去再进行染色。染色时使用浓度为0.1%的混合食用红色素（其中胭脂红65%，苋菜红35%及0.02%柠檬酸）染色效果较好。将经预煮冷却后的果实，投入配置好的染色液中，通常染色液与果实之比为10:7。浸泡约24小时，取出，用清水漂去浮色，再用浓度为0.3%柠檬酸溶液浸泡约24小时进行固色，一般固色液与樱桃之比为4:1，最后用清水漂洗后沥去水分，进行装罐。

（六）装罐

大多数采用的容器为旋式玻璃罐，常用的容积为227毫升、340毫升及454毫升，各生产厂家亦可按产品包装的设计要求另行制定。装罐时，每罐的果实应不得低于净重量的55%，装罐时一般采用浓度为25%～30%的糖液，具体按原料可溶性固形物含量而定，同时在糖液中加入浓度为0.15%的柠檬酸。将配制好的糖水加热煮沸，过滤，保持温度在75℃以上。装罐后，将糖水加至罐颈线为度。

（七）排气、密封

装罐后加盖打印有生产日期、产品代号和厂代号的罐盖，送入排气设备内，通过热蒸汽加热至罐的中心温度达到85℃以上，立即取出旋紧罐盖。

（八）杀菌、冷却

将密封好的实罐放置在杀菌设备中，用沸水或热蒸汽加热升温，具体时间视装罐后的内容物温度以及容量大小而定，待实罐的中心温度达到95℃～100℃时，杀菌5～10分钟。杀菌后于温度为80℃、60℃、40℃的清水中进行分段冷却，以防玻璃罐因冷却温差过大而破裂。冷却至40℃时，取出擦干，在不低于20℃的温度条件下，保持5～7天后，按0.3%抽样检查，以确定杀菌效果的可靠性，保证出厂产品的质量。

十三、糖水栗子罐头

（一）原料的选择和预处理

选择成熟的栗子，剔除虫蛀、霉烂栗子和干栗子。装罐用的栗子，一般采用手工去皮，可将采收的栗果在干沙中贮藏1个月左右，沙藏地点应选在冷凉通风处，放置15天以上，待栗果内水分散发后，出现稍许萎蔫裂口时进行加工。

为提高手工去皮的效率，一般采取以下措施：一种是将栗果放入沸水中烫约3分钟，立即捞出，趁热去皮，由于沸煮后外壳变软，内皮与栗仁脱离，则比较容易剥壳。另一种是将洗净的栗果放在筛网或滚筒内，吹温度为 50℃ 以上的热风，使栗果外壳迅速脱水，开裂翻卷，自然与栗仁分开，再用手工稍加处理，即可很快剥去栗壳。以上两种方法，前者适用于小规模生产，后者适用于一定规模的生产。

（二）工艺流程

选料⟶去皮⟶预煮（护色）⟶漂洗⟶装罐⟶注糖液⟶灭菌冷却⟶贴标签装箱⟶成品。

（三）操作要点

1. 预煮

预煮时栗子与预煮液的比例为 1:1。往预煮液中加入适量的亚硫酸盐等褐变抑制剂（抑制剂可抑制栗肉中形成的羟醌聚合物，这种聚合物是一种黑褐色的物质，使栗肉发生褐变），然后缓缓升温：如果从 40℃ 升到 85℃，约需 50 分钟；如果从 85℃ 升到 93℃，约需 15 分钟，如果从 93℃ 再降到 60℃，约 30 分钟。要特别注意骤冷骤热，以免栗仁破裂。

2. 漂洗

用温度为 60℃ 的清水漂洗 3 次，时间约 50 分钟。

3. 装罐

将经漂洗的栗仁按个头大小，分别进行装罐，装量应为罐容积的 50% 以上。

4. 注糖液

一级砂糖经煮沸 3～5 分钟后过滤，糖水内加入浓度为 0.02% 的乙二铵四乙酸二钠和适量的抗坏血酸，可有效地保持和改善颜色，并防止产生沉淀。糖液的浓度为折光度 26 度，温度 80℃ 左右。

5. 排气与密封

因栗果属非热敏性果实，适宜选用热排气，待罐中的温度达到 90℃ 时，立即密封。

6. 灭菌、冷却

按以上方法加工的罐头，放置1年以上无变硬现象，且颜色鲜艳、栗肉味香甜。由于栗果肉中含有大量的单宁，遇铁会变褐色，因此加工时要注意避免接触铁制容器。

第九章
果 品 营 销

第一节　果品营销概要

水果产业已逐渐成为发展我国农村经济的支柱产业，在优化农村产业结构、增加农民收入、提高人民生活水平等方面发挥着重要的作用。同时，我们也必须清醒地意识到：我国水果产业还处在初级发展阶段，果品质量低，品种结构不合理，商品化处理水平低，营销理念及营销手段落后等等。所有这些原因都在不同程度上制约着我国水果产业的持续发展。目前，大部分果农采用的营销方法就是将果品收获以后放在家里，等着客商上门收购；或者果农走街串巷地销售果品。

落后的营销方法严重制约了果品的销售和果农们的增收。营销理念落后，是我国水果产业的最大弱点之一，也是造成水果"难卖"的一个重要原因。大家都知道水果产业具有较强的不稳定性，也具有较大的风险性，如果我们仍然沿用传统的水果营销方式则有可能被市场所淘汰。

自从我国加入 WTO，进一步扩大我国水果市场的开放程度已是大势所趋，越来越多的国家的水果将取得进入中国市场的入场券。增强国产水果的市场竞争能力，积极应对挑战已是国产水果在激烈的竞争中生存发展的唯一出路。

第二节　果品营销策略

一、提高水果品质

随着人们生活水平的提高，对果品品质的要求也越来越高，优质优价的果品正成为大众的消费动向。要实现果业高效营销，必须实现果品优质。把引进、选育和推广优质果品作为抢占市场的一项重要策略，淘汰劣质品种，改进落后的生产技术，打一个质量翻身仗，以质取胜，以优发财。

二、降低生产成本

价格是市场竞争中的法宝，同一品质的果品价格低的竞争力更强。成本影响价格，降低成本才能实现价格竞争的策略。要增强市场竞争力，必须实行“低成本—低价格”策略，采用新技术、新品种、新工艺、新机械，减少生产费用投入，提高生产率；实行果品的规模化、集约化经营，降低单位产品的生产成本，以低成本实现低价格，求得经济效益。

三、扩大市场

果品销售既要关注身边市场，又要着眼国内外大市场，积极寻求更大的销售空间，开辟空白市场，抢占大额市场。开拓果品市场，要树立大市场观念，定准自己果品销售地域，按照销售地区人们的消费习性，生产适销对路的产品，如上海人喜欢吃红富士苹果，就应选择红富士。

四、实现品种多样化

人们对果品消费需求的多样化决定了生产品种的多样化，市场中的水果不仅要有多种品种，而且要有多种规格。引进和开发一批名、特、优、新、稀品种，以新品种引导新需求，开拓新市场。果农们应根据市场需求和客户要求，生产适销各种规格的产品，满足多层次的消费需求，开发全方位的市场，化解市场风险，提高综合效益。

五、打造行业名牌

由于果品双选市场的形成，使得消费者挑选果品的余地越来越大，市场竞争逐渐集中于品牌竞争，名牌成为开启市场的一把钥匙。果品实施打造名牌策略，一是要提高质量，以质创牌；二是要做好包装，美化外表；三是实施商标注册，叫响品牌，以名创牌；四是加大宣传，树立公众形象，以势创牌。用名牌果品来开拓市场，统一品牌，统一标准，统一包装设计，形成一个品牌、一个拳头对外的格局，从而使我们的水果业沿着健康持续的方向发展。

六、引导消费者的消费理念

近年来果品经营法则发生着变化，果品营销活动不再只关注果品销售，更强调为消费者提供更多的购买支持，引导消费者对果品的消费需求。在这一市场背景下，精明的水果生产者和经营者选择以知识普及为先导，以知识推动市场的营销新思维。

据报道，2003 年走俏上海的名不见经传的冬枣，成为上海果市“新宠”的一个很重要的原因，就是通过知识普及，使人们对冬枣有了新的认识：清香甘甜，脆爽透心，富含多种矿物质，维生素C含量是苹果的80倍等等。吃冬枣可集美丽与健康于一体，消费者们何乐而不为呢？随着知识经济时代的到来和发展，知识营销无处不在。为此，通过电视、报纸、杂志等媒体宣传普及水果的营养、保健知识，对促进我国果品销售稳步增长，提高果农们的经济增长，无疑具有重要的现实意义。

七、利用网络

随着信息时代的到来以及电子商务的发展，水果营销中出现了创新的渠道，其中之一便是进行网络营销，使网络起了“水果市场红娘”。通过互联网实现互动式即时交流，可以打破地域限制，进行远程信息传播，营销内容翔实生动，图文并茂，可以全方位地展示品牌果品形象，提高知名度，为潜在购买者提供了很大的方便。如今，我国已有不少水果加工企业通过互联网注册了自己的网站，对产品进行宣传和推广。“中国金柑之乡”——尤溪县这方面做得尤为突出，近年来每年网上销售的金柑畅销上海、广州、杭州及南京等大中城市。可以预见，随着互联网的进一步发展，网络营销将成为水果市场中一种具有巨大潜力和发展空间的营销方式。

八、诚信营销

自古以来，诚信就是市场经济的基本信条，只有注重信誉的生产者、经营者，才能在市场竞争中获得最大利益。消费者需求的是质量可靠，货真价实的品牌水果。在水果产业进入全面的整体素质竞争的今天，生产者和经营者如果仅仅依靠品牌争取更多的消费者，一旦品牌水果质量较低，没有真正按标准销售，就会使消费者感到反感，让生产者失去市场口碑。另一方面，对极少数以假冒真、短斤少两的经营者只能是自断财路。因此，在果品销售中广大生产者、经营者必须树立诚信的营销理念，做到货真价实，童叟无欺。做人讲诚信，做事讲诚信，把自己以及果品当作一个品牌来经营，树立良好的口碑，诚信会为你的水果事业开拓一个新的局面。

第三节 果品营销实例

接下来给大家介绍几位在果品营销策略上转变思维，实现创新，将营销科学变为营销艺术，实现成功营销的案例。

一、转变果品的用途

通过这种方式达到促销的目的。某市一果农种了三亩秦冠苹果，市场上每千克只能卖 0.6 元左右，一年下来一亩地仅收入 1000 多元。后来这位果农转换思维，将果树苗租给城里的中小学生，将果园作为供学生了解生物、熟悉生物、劳动实践的场所，结果亩收入超过 1 万元。

二、为果品赋予文化

提升果品档次和品位。例如某些果农们通过在苹果上印一些诸如“生日快乐”、“健康长寿”、“福”、“發”等文字，2005 年这种苹果每千克卖到 5 ~6 元。

三、改变销售方式

陕西某些果农通过让消费者在果园里自采自吃，不仅将水果卖出去了，而且收入还增加了一倍。北京有一果农让消费者参与到水果从种到收的各环节，然后再吃自己生产的果品，使其收入增加了 10 倍。

四、引导消费

通过引导消费者的消费方式，将果品以高价钱卖出。如国外一些发达国家通过引导消费者喝果汁，拉动了果品制汁市场的需求，促进了果品销售。

《农民实用知识读本》系列丛书

书号	书名	定价
F·1470	怎样利用国家对“三农”的优惠政策	15.00
F·1453	怎样领取国家财政给农民的各种补贴	15.00
F·1463	怎样利用农村小额贷款	15.00
F·1471	如何参加农民养老、医疗、救助等社会保障	15.00
F·1451	农民经营注意事项	15.00
F·1421	农村产权问答	15.00
D·0069	农村妇女儿童如何保护自己的权益	15.00
F·1468	农村土地流转应注意的问题	15.00
F·1420	做一名合格的餐厅服务员	15.00
F·1417	做一名合格的前厅服务员	15.00
F·1419	做一名合格的客房服务员	15.00
R·0011	做一名合格的养老护理员	15.00
G·0033	做一名合格的育婴员	15.00
G·0031	做一名合格的保育员	15.00
TS·0009	做一名合格的保洁员	15.00
F·1467	做一名合格的家政服务员	15.00
D·0067	做一名合格的保安	15.00
R·0013	做一名合格的护工	15.00
F·1422	做一名合格的营业员	15.00

书　号	书　　名	定　价
F · 1423	做一名合格的收银员	15.00
R · 0012	做一名合格的营养配餐员	15.00
R · 0010	做一名合格的验光配镜员	15.00
F · 1416	做一名合格的仓储保管运输员	15.00
S · 0010	做一名合格的洗染织补员	15.00
F · 1433	如何回收挑选和加工废旧物资	15.00
F · 1418	烟花爆竹营销注意事项	15.00
TS · 0012	如何加工茶叶	15.00
TS · 0016	如何进行蜂产品加工和检验	15.00
TS · 0013	如何进行蔬菜加工	15.00
TS · 0015	如何进行果品加工	15.00
TS · 0020	如何进行野生植物原料加工	15.00
S · 0018	如何给庄稼"看病"	15.00
TS · 0011	茶叶与茶艺	15.00
F · 1472	农村商品收购注意事项	15.00
S · 0020	如何进行农业专用机械操作	15.00
TS · 0019	如何进行水产品原料处理	15.00
S · 0019	如何做一名护林员	15.00
TS · 0018	如何进行棉花的加工	15.00
TS · 0017	如何进行剑麻的加工	15.00
TQ · 0001	如何进行天然橡胶的加工	15.00
TS · 0014	如何进行竹、藤、麻、棕、革制品的加工	15.00
S · 0021	如何做好动物疫病防治	15.00